高等职业教育系列教材

ELECTRONIC AND INFORMATION

电工技术
一体化教程 第2版

程智宾 杨蓉青 陈超 邓华◎编著

机械工业出版社
CHINA MACHINE PRESS

本书依据高等职业教育人才培养目标，以及学生就业岗位群的职业要求，遵循高职专业教育"必需、够用"的原则，详细讲解了电工技术相关知识。

本书共设置5个项目：项目1为电工基本常识与操作；项目2为指针式万用表的装配与调试；项目3为室内电气线路的设计与安装；项目4为小型变压器的制作与测试；项目5为三相异步电动机的典型控制。通过各项目的实施，将电工基础知识内容转变为实际应用的任务，突出知识的实用性、综合性和先进性，帮助读者迅速掌握电工基础知识和技能。并将具体的任务实施以"任务工单"的形式独立成册，使用更便捷。

本书可作为高等职业院校电子信息类、电气类、通信类、自动化类等专业的教材，也可作为从事弱电工程、电气工程及电子产品开发基础知识和技能培训人员的学习参考书。

本书配有微课视频，扫描书中二维码即可观看。另外，本书配有电子课件，需要的教师可登录机械工业出版社教育服务网（www.cmpedu.com）免费注册，审核通过后下载，或联系编辑索取（微信：13261377872，电话：010-88379739）。

图书在版编目（CIP）数据

电工技术一体化教程 / 程智宾等编著. —2 版. —北京：机械工业出版社，2022.4（2025.6重印）

高等职业教育系列教材

ISBN 978-7-111-69786-2

Ⅰ. ①电… Ⅱ. ①程… Ⅲ. ①电工技术—高等职业教育—教材

Ⅳ. ① TM

中国版本图书馆 CIP 数据核字（2021）第 248453 号

机械工业出版社（北京市百万庄大街 22 号　邮政编码 100037）
策划编辑：和庆娣　　　　　责任编辑：和庆娣
责任校对：肖　琳　刘雅娜　责任印制：单爱军
北京瑞禾彩色印刷有限公司印刷
2025 年 6 月第 2 版第 9 次印刷
184mm×260mm・13.25 印张・321 千字
标准书号：ISBN 978-7-111-69786-2
定价：59.00 元

电话服务　　　　　　　　　网络服务
客服电话：010-88361066　机　工　官　网：www.cmpbook.com
　　　　　010-88379833　机　工　官　博：weibo.com/cmp1952
　　　　　010-68326294　金　书　网：www.golden-book.com
封底无防伪标均为盗版　机工教育服务网：www.cmpedu.com

前　言

党的二十大报告指出，努力培养造就更多大师、战略科学家、一流科技领军人才和创新团队、青年科技人才、卓越工程师、大国工匠、高技能人才。电工技术是高等职业院校工程技术类一门重要的专业基础课，其任务是使学生具备高素质技能型人才所必需的基本素质、基本知识和基本技能，为学生学习后续课程、适应职业岗位要求打下坚实的基础。

近年来，学生学习理论知识的兴趣和水平有所下降，原来"电路基础或电路与分析"课程中过多的理论分析与计算已经不再适合职业院校的教学，很多学生的学习积极性在第一学期就被电路基础的"难""枯燥""缺乏实用性"所打击，渐渐失去了对后面专业课程学习的兴趣和积极性，所以课程教学改革势在必行。通过几年的教学实践和总结，采用理实一体化教学模式，将基础理论知识转变成由实际应用的项目任务来驱动，学生由被动学习转变为主动学习，考核评价伴随整个教学过程，而不是由一次期末考试来决定，使得学生在平时就能积极、主动、勤奋。这种举措取得显著效果，学生不再被"难"倒，树立了信心；教师与学生的交流更加频繁和顺畅，为培养技术能手奠定了基础。

本书根据专业教学要求，采用项目式任务驱动法编排内容，把原来的实践课程任务结合在一起，并将具体的任务实施以"任务工单"的形式独立成册，使用更便捷。各项目所需实验套件、工具和仪器设备等均是各学校已经具备或容易解决的，体现通用性和可行性。

全书共设置5个项目：项目1为电工基本常识与操作，要求掌握电工工具、仪表及安全用电的相关知识和技能；项目2为指针式万用表的装配与调试，要求掌握直流电路的概念、分析方法及电子产品的装配与调试方法；项目3为室内电气线路的设计与安装，要求掌握正弦电路的概念、分析方法、室内电气线路方案设计及安装方法等；项目4为小型变压器的制作与测试，要求掌握磁路的概念、小型变压器的设计及制作方法等；项目5为三相异步电动机的典型控制，要求掌握三相交流电路的概念和分析方法、三相电动机典型控制电路的器件识别、安装与检测方法等。全书通过各项目的实施，将基础知识内容转变为实际应用的任务，突出知识的实用性、综合性和先进性，帮助读者迅速掌握电工基础知识和技能。

本书教学时数建议为 80 ~ 96 学时。

本书由福建信息职业技术学院程智宾、杨蓉青、陈超和福州职业技术学院邓华编著。在本书编写过程中，福建信息职业技术学院胡小萍、陈世伟、陈婷在文字录入、绘图、校对等方面做了大量工作并提出宝贵意见。全书由福州大学电气工程与自动化学院的李少刚教授审阅。在此谨向所有对本书的编写、审阅、出版给予支持和帮助的同志表示诚挚的感谢。

由于编者水平有限及时间仓促，书中疏漏和不妥之处在所难免，恳请业内专家和广大读者批评指正。

编 者

二维码资源清单

序号	名称	图形	页码
1	触电类型		3
2	触电急救方法		4
3	电路		17
4	电位		24
5	电阻的标识		29
6	电源元件		32
7	电源互换		34

（续）

序号	名称	图形	页码
8	支路电路法		50
9	叠加定理		51
10	戴维南定理		53
11	最大功率传输定理		54
12	正弦交流电路的三要素		65
13	正弦交流电的表示法		68
14	纯电阻电路 – 电压与电流的关系		71
15	纯电阻电路的功率		72
16	纯电感电路 – 电压与电流的关系		73
17	纯电感电路的功率		74

（续）

序号	名称	图形	页码
18	纯电容电路 – 电压与电流的关系		75
19	纯电容电路的功率		76
20	*RLC* 串联电路 – 电压与电流的关系		78
21	*RLC* 串联电路 – 电路的性质		79
22	*RLC* 串联电路 – 电路的功率		79
23	功率因数的提高		82
24	三相电动势		116
25	三相电源的连接		117
26	电气图识读		136

目　　录

项目 1　电工基本常识与操作

知识目标

- 熟悉安全用电常识。
- 了解触电、电气火灾等常见电气意外和触电的急救方法。
- 熟悉电工常用工具的使用方法。
- 熟悉导电材料、绝缘材料等常用电工材料的性能和用途。
- 熟悉导线剥线和导线绝缘层恢复的方法。
- 熟悉电工常用仪器仪表的使用方法。

能力目标

- 会正确处理触电、电气火灾等常见电气意外。
- 会使用常用电工工具。
- 会识别导电材料、绝缘材料等常用电工材料，初步掌握材料的选用。
- 会正确剖削导线绝缘层、连接导线和恢复导线绝缘层。
- 会正确使用万用表、绝缘电阻表、接地电阻测试仪等仪器仪表。

任务 1.1 安全知识及触电急救

❖ 布置任务

你知道电工安全技术操作规程吗？如果出现电气意外应该如何处理？让我们一起来学习吧！

1.1.1 电工安全技术操作规程

安全文明生产是每个从业人员不可忽视的重要内容。违反安全操作规程，就会造成人身事故和设备事故，不仅给国家和企业造成经济损失，而且也直接危害个人的生命安全。

1. 工作前的检查和准备工作

1）必须穿好工作服（严禁穿裙子、短裤和拖鞋），女同志应戴工作帽，长发必须罩入工作帽内，腕部和颈部不允许佩戴金属饰品。

2）在安装或维修电气设备时，要清扫工作场地或工作台面，防止灰尘等杂物侵入电气设备内造成故障。

2. 文明操作和安全技术

1）工作时要精力集中，不允许做与本职工作无关的事情，还必须检查仪表和测量工具是否完好。

2）在断开电源开关检修电气设备时，应悬挂电气安全标志。如"有人工作，严禁合闸"等。

3）拆卸和装配电气设备时，操作要平稳，用力应均匀，不要强拉硬敲，防止损坏电气设备。电动机通电试验前，应先检查绝缘是否良好、机壳是否接地。试运转时，应注意看转向、听声音、测温度，工作人员要避开联轴旋转方向，非操作人员不允许靠近电动机和试验设备，以防止高压触电。

常用安全标志如表1-1所示，在操作过程中一定要注意。

表 1-1 常用安全标志

类别	图形标志	含义	图形标志	含义	图形标志	含义
禁止标志：颜色为白底、红圈、黑图案，图案压杠，形状为圆形		禁止吸烟		禁止烟火		禁止合闸
		禁止触摸		禁止跨越		禁止起动
警告标志：颜色为黄底、黑边、黑图案，形状为等边三角形，顶角向上		注意安全		当心火灾		当心触电
		当心电缆		当心机械伤人		当心吊物

3. 下班前的结束工作

1）要断开电源总开关，防止电气设备起火造成事故。

2）修理后的电气设备应放在干燥、干净的工作场地，并摆放整齐。做好修理电气设备后的事故记录，积累维修经验。

1.1.2　电气火灾消防知识

1. 电气火灾的主要原因

电气火灾是指由电气原因引发燃烧而造成的灾害。短路、过载及漏电等电气事故都有可能导致火灾。设备自身缺陷、施工安装不当、电气接触不良、雷击静电引起的高温、电弧和电火花等是导致电气火灾的直接原因。周围存放易燃易爆物是电气火灾的环境条件。

2. 电气火灾的防护措施

电气火灾的防护措施主要致力于消除隐患、提高用电安全，具体措施如下：

1）正确选用保护装置。

2）正确安装电气设备。

3）保持电气设备的正常运行。

3. 电气火灾的扑救

电气火灾有两个特点：一是着火后电气设备可能是带电的，如不注意可能引起触电事故；二是电气设备怕潮湿，灭电气火灾用的器材品种有严格规定，如不注意也可能发生触电事故或人为地扩大损失。

为避免在救火时发生触电事故和产生跨步电压，应立即切断火灾现场的电源，并及时拨打"119"火警电话。

灭火安全要求：

1）火灾发生后，开关设备的绝缘能力降低，拉闸时最好用绝缘工具操作。

2）无法拉闸切断电源时，可逐相剪断电线。剪断空中电线时，剪断位置应在电源方向的支持物附近，以防带电电线落地造成接地短路事故或触电事故。

3）不可使用水或泡沫灭火器扑灭带电设备上的火，否则会触电。

4）灭带电设备的火，要使用二氧化碳灭火器和1211灭火器。使用二氧化碳灭火时，当其浓度达85%时，人就会感到呼吸困难，要注意防止窒息。

5）对架空线路及设备灭火时，人的身体位置要与被灭火物体之间有一定距离（10kV电源不得小于0.7m，35kV电源不得小于1m），以防电线等断落伤人。

6）灭火时不要随便与电线及设备接触。特别要注意地面上的电线。

1.1.3　触电急救

1. 触电类型

（1）两相触电

触电类型

两相触电（见图1-1）是人体接触两根异相的导线，电流通过人体构成回路。两相触电由于电压高，流过人体的电流较大，死亡率较高。50Hz、20mA的电流就会使人手麻痹，更大的电流会致命。

（2）单相触电

单相触电的第一种情形（见图1-2）是人体的一部分接触相线（火线），电流通过人的身体和脚到地面，构成单相回路。如果穿的是不绝缘的鞋，地面又较湿，这种触电是很危险的；如果穿的是绝缘鞋，地面又干燥，可减少危险性。

图1-1 两相触电　　　　　　　图1-2 单相触电的第一种情形

单相触电的第二种情形是人体分别接触相线和中性线（见图1-3），电流通过人体构成回路。由于电压高，通过人体的电流较大，这种触电也会致命。

单相触电的第三种情形如图1-4所示，电流通过两个接触部分间的人体构成回路，电流也是很大的，也会致命。

图1-3 单相触电的第二种情形　　　图1-4 单相触电的第三种情形

（3）跨步电压触电

图1-5所示为跨步电压触电。输电线路断线落地，致使接地导线与大地构成电流回路。以接地点为圆心画许多同心圆，则在不同的同心圆的圆周上，电位是不同的。人的两脚站在不同的同心圆上，会形成电位差，即跨步电压。步伐越大，跨步电压越大。此时电流会使人体下身麻痹。如人倒地，则电流会流过人身重要器官，也会发生人身触电死亡事故。

触电急救方法

2. 触电急救方法

（1）低压触电时脱离电源的方法

1）如图1-6所示，电源开关和插头就在现场附近，则应迅速断开开关和拔下插头，使触电者迅速脱离电源。普通拉线开关和平开关，都是单极开关，按规定应接在相线上。但有时错接在零线上，这时断开开关并不能使触电者摆脱电源，应使用带绝缘套的钢丝钳切断相线。

2）当电线搭落在触电者身上或被压在身下时，可用干燥的衣服、手套、绳索或木棒等绝缘物作为工具，拉开触电者或挑开电线，使触电者脱离电源，如图1-7所示。

3）如果触电者衣服是干燥的，且衣服又没有紧缠在身上，可用一只手抓住他的衣服（见图1-8），使其脱离电源。

图 1-5　跨步电压触电

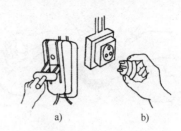

图 1-6　电源开关与插头

a）断开开关　b）拔掉插头

图 1-7　挑开触电者身上的电线

图 1-8　用一只手拉住触电者干燥的衣服

4）如附近找不到电源开关或电源插头，应使用带绝缘套的钢丝钳或用干燥木柄的斧头等切断电源线，断开电源。

（2）对触电者的现场检查

触电者一经脱离电源，应马上移至通风干燥的地方，使其仰卧，将上衣和裤带解开，实施现场检查并及时拨打"120"急救电话。

1）如触电者伤势不重，神志清醒，只有些心慌、四肢发麻、全身无力，或者触电者一度昏迷，但已清醒过来，应使他安静休息，不要走动，密切观察并请医生前来诊治或送医院。

2）对触电重者的检查如图 1-9 所示。首先检查双目瞳孔是正常或放大（见图 1-9a），呼吸是否停止，心脏是否跳动等（见图 1-9b、c）。根据检查结果，应马上实施现场急救，分秒必争。触电后 1min 开始抢救，救治良好率为 90%；触电后 6min 开始抢救，救治良好率为 10%；触电后 12min 开始抢救，救治良好率趋近于 0。

正常　　瞳孔放大

a)　　　　　　　b)　　　　　　　c)

图 1-9　对触电重者的检查

（3）对触电者的现场急救

触电的现场急救方法有口对口人工呼吸抢救法和人工胸外按压抢救法。

1）口对口人工呼吸抢救法。若触电者呼吸停止，但心脏还有跳动，应立即采用口对口人工呼吸抢救法。口对口人工呼吸抢救法如图 1-10 所示。

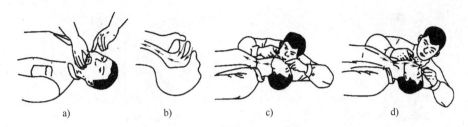

图 1-10 口对口人工呼吸抢救法

a）清除口腔杂物 b）舌根抬起通气道 c）深呼吸后紧贴嘴吹气 d）放松换气

2）胸外按压抢救法。若触电者虽有呼吸但心跳停止，应立即采用人工胸外按压抢救法。人工胸外按压抢救法如图 1-11 所示。

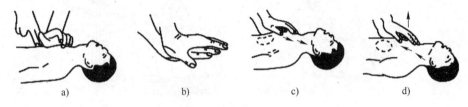

图 1-11 人工胸外按压抢救法

a）找准位置 b）按压姿势 c）向下按压 d）迅速放松

若触电者受伤害严重，呼吸和心跳都停止，或瞳孔开始放大，应同时采用"口对口人工呼吸"和"人工胸外按压"两种方法抢救，呼吸和心跳都停止的抢救方法如图 1-12 所示。

图 1-12 呼吸和心跳都停止的抢救方法

a）单人操作 b）双人操作

任务 1.2 常用电工工具和材料使用

❖ 布置任务

你知道常用的电工工具和材料有哪些吗？如何使用？让我们一起来学习吧！

1.2.1 常用电工工具及使用方法

常用电工工具是指一般专业电工都要使用的常备工具。常用的电工工具有验电器、剥线钳等。作为一名维修电工，必须掌握常用电工工具的使用方法。

1. 验电器

（1）低压验电器

低压验电器（验电笔）是电工常用的一种辅助安全用具。用于检查 500V 以下导体或各种用电设备的外壳是否带电。

1）低压验电器的分类。

低压验电器有氖管式和数字式两种，如图 1-13 所示。

图 1-13 低压验电器

a) 氖管式 b) 数字式

氖管式又分钢笔式（见图 1-14a）和旋具式（见图 1-14b）两种。它们的内部结构相同，主要由电阻、氖管和弹簧等组成。

图 1-14 氖管式低压验电器

a) 钢笔式 b) 旋具式

注意：使用低压验电器之前，必须在已确认的带电体上先进行检测，在未确认验电器正常之前，不得使用。

氖管式验电器的使用方法：氖管式验电器的握笔方法如图 1-15 所示。只要带电体与地之间至少有 60V 的电压，验电笔的氖管就会发光。

图 1-15 氖管式验电器握笔方法

a) 正确握笔 b) 不正确握笔

2）低压验电器的作用。

低压验电器的作用主要是用于验证有无电压、相线（火线）与零线，进一步可以应用于区别直流电和交流电等，如表1-2所示。

表1-2 低压验电器的作用

作　用	要　点
区别电压高低	测试时可根据氖管发光的强弱来判断电压的高低
区别相线与零线	在交流电路中，当验电器笔尖触及导线时，氖管发光的即为相线，正常情况下，触及零线是不发光的
区别直流电与交流电	交流电通过验电器时，氖管里的两极同时发光；直流电通过验电器时，氖管里两个极中只有一个极发光
区别直流电的正、负极	把验电器连接在直流电的正、负极之间，氖管中发光的一极即为直流电的负极

（2）高压验电器

高压验电器又称为高压测电器，10kV高压验电器由金属钩、氖管、氖管窗、紧固螺钉护环和握柄组成。

高压验电器使用前，应在已知带电体上测试，证明验电器确实良好方可使用。使用时，应使高压验电器逐渐靠近被测物体，直到氖管发亮；只有在氖管不发亮时，人体才可以与被测物体试接触。

2. 剥线钳

剥线钳是用于剥削小直径导线头绝缘层的专用工具，一般在控制柜配线时用得最多。剥线钳由钳头和手柄两部分组成，图1-16所示是其中的一种类型。钳头部分由压线口和切口构成，分有直径0.5～3mm的多个切口，以适用于不同规格的线芯。使用时，电线必须放在大于其线芯直径的切口上切剥，否则会切伤线芯。

剥线钳使用方法如图1-17所示，将要剥削的导线绝缘层长度定好，右手握住钳柄，用左手将导线放入相应的切口槽中，右手将钳柄向内一握，导线的绝缘层即被割破拉开，自动弹出。

图1-16 剥线钳

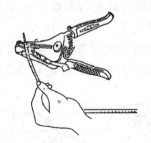

图1-17 剥线钳的用法

1.2.2 常用电工材料及其选用方法

1. 常用导电材料

能够通过电流的物体称为导电材料。铜和铝是目前最常用的导电材料。由于铜在导电性能等诸多方面优于铝，所以铜使用的数量大于铝。用导电材料制成的线材，称为导线或电线。按导线的结构和使用特点，导线可分为裸线、绝缘电线、电磁线和通信电缆线等。

（1）裸线

裸线只有导线部分，没有绝缘层和保护层，几种常见的裸线如图1-18所示。

裸铝线

裸铜线

裸铜绞线

图1-18 几种常见的裸线

（2）绝缘电线

绝缘电线不仅有导线部分，而且还有绝缘层，绝缘层的主要作用是隔离带电体或不同电位的导体，使电流按指定的方向流动。几种常见的绝缘电线如图1-19所示。

铜芯聚氯乙烯绝缘电线BV

聚氯乙烯绝缘电线RV

聚氯乙烯绝缘护套线RVV

聚氯乙烯绝缘护套屏蔽线RVVP

图1-19 几种常见的绝缘电线

依据用途和电线结构分类，绝缘电线主要有固定敷设绝缘线、绝缘软电线、安装电线、户外用绝缘电线和农用绝缘塑料护套线等。

（3）电磁线

电磁线是一种涂有绝缘漆或包缠纤维的导线，主要用于电动机、变压器、电气设备及电工仪表的绕组或线圈，如图1-20所示。

（4）通信电缆线

通信电缆线包括电信系统的各种电缆、电话线和广播线，如图1-21所示。

图 1-20　电磁线

图 1-21　通信电缆线

2. 常用绝缘材料

电阻率大于 109W/cm 的物质所构成的材料叫绝缘材料。

（1）绝缘材料的分类

电工常用的绝缘材料可分为无机绝缘材料、有机绝缘材料和混合绝缘材料。常用的无机绝缘材料有云母、石棉、大理石、瓷器、玻璃及硫黄等，主要用作电动机、电器的绕组绝缘、开关的底板和绝缘子等。有机绝缘材料有虫胶、树脂、橡胶、棉纱、纸、麻及人造丝等，大多用以制造绝缘漆、绕组导线的被覆绝缘物等。混合绝缘材料为由以上两种材料经过加工制成的各种成型绝缘材料，用作电器的底座、外壳等。在电气线路或设备中常用的绝缘材料有绝缘漆、绝缘胶、绝缘油及绝缘制品等。

（2）常用绝缘导线的选择

1）绝缘导线种类的选择。

绝缘导线种类主要根据使用环境和使用条件来选择。室内环境如果是潮湿的，如水泵房或有酸碱性腐蚀气体的厂房，应选用塑料绝缘导线，以提高抗腐蚀能力，保证绝缘。比较干燥的房屋，可选用橡皮绝缘导线，对于温度变化不大的室内，在日光不直接照射的地方，也可以采用塑料绝缘导线。

2）导线颜色的选择。

敷设绝缘导线时应采用不同的颜色，以便进行布线和维护。一般分相线 L、零线 N 和保护零线 PE。

在三相供电电源的情况下，通常三相线分别用黄、绿、红三种色线，零线用浅蓝色。

在二芯单相供电时，通常相线 L 用红色线，零线 N 用浅蓝色线。

在三芯单相供电时，通常相线 L 用红色线，零线 N 用浅蓝色线或白色线，保护零线 PE 用黄绿双色线或黑色线，在正常使用中，保护零线 PE 要单独进行接地，接地电阻

≤4Ω。保护零线接地，绝不可以与避雷针的接地装置共用，两接地装置应分开，至少间隔3m，越远越好。更不能将电源的零线与保护零线连接。在布有计算机网络线的地点中应当安装保护零线接地，以保护用户的安全。

3）绝缘导线截面的选择。

导线截面选择方法一般有以下3种：①按发热条件来选择导线截面。②按机械强度条件来选择导线截面。③按允许电压损失选择导线截面。最后取其中截面最大的一个作为最终选择导线的依据。室内配线线芯最小允许截面积如表1-3所示。

表1-3 室内配线线芯最小允许截面积

用途		线芯最小允许截面积 /mm²		
		多股铜芯线	单根铜线	单根铝线
灯头下引线		0.4	0.5	1.5
移动式电器引线		生活用：0.2 生产用：1.0	不宜使用	禁止使用
管内穿线		不宜使用	1.0	2.5
固定敷设导线支持点间的距离	1m 以内	不宜使用	1.0	1.5
	2m 以内		1.0	2.5
	6m 以内		2.5	4.0
	12m 以内		2.5	6.0

任务 1.3 电工仪器仪表与误差

❖ 布置任务

数字万用表是使用频率最高的电工仪表之一，你会使用电工常用的数字万用表吗？让我们一起来学习吧。

1.3.1 数字万用表

数字万用表是一种多功能、多量程、能直观显示数值的电测量仪表。可以用来测量电阻、电流、电压，甚至可以测量电容值、电感值和晶体管的放大倍数等。与模拟万用表相比，数字万用表因其灵敏度高、准确度高、显示清晰、过载能力强、便于携带、使用更简单等优点，已被广泛应用于各个行业的电测量中，是电工维修人员及电子爱好者的必备仪表。如图1-22为一种常用的VC890D数字万用表。

图 1-22 一种常用的 VC890D 数字万用表

1. VC890D 数字万用表

图 1-23 所示为 VC890D 数字万用表区域功能说明图，共有 3 个区域：测量显示区域、功能开关选择区和测试表笔插孔区。

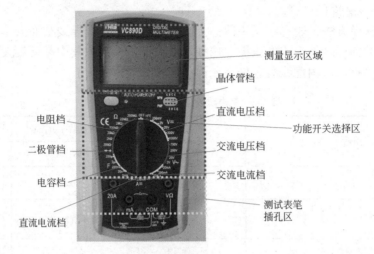

图 1-23　VC890D 数字万用表区域功能说明图

（1）测量显示区域

测量显示区域一般为四位数显，当显示数值超过量程时，仅在最高位显示数字"1"。

（2）功能开关选择区

功能开关选择区的档位转换开关可旋转 360°，各档位功能如下。

- 电阻档 Ω：对应的量程通常有 200Ω、2kΩ、20kΩ、200kΩ、2MΩ、20MΩ、200MΩ。
- 二极管档 ▶️◀️：用来判定二极管的正负极和测试电流通断。
- 电容档 F：对应的量程通常有 200μF、2μF、200nF、20nF。
- 直流电流档 A⎓：对应的量程通常有 2mA、20mA、200mA、20A。
- 交流电流档 A~：对应的量程通常有 20A、200mA、20mA。
- 交流电压档 V~：对应的量程通常有 2V、20V、200V、750V。
- 直流电压档 V⎓：对应的量程通常有 1000V、200V、20V、2V、200mV。
- hFE 档：用来测试晶体管电流放大倍数，需要在显示区域右下方的 ▦ 部分直接插入相应类型晶体管对应的 3 个极，再打到 hFE 档位后可以测量晶体管的电流放大倍数。
- 电源关闭档 OFF：一般数字万用表不使用时要打到此档位。

测试表笔插孔区共有 4 个孔，分别是"20A""mA""COM"和"VΩ"插孔。

当测量电压和电阻时，将红表笔插入"VΩ"插孔，黑表笔插入"COM"插孔。

当测量不大于 20mA 的电流和电容时，将红表笔插入"mA"插孔，黑表笔插入"COM"。

当测量超过 200mA 的电流时，将红表笔插入"20A"插孔，黑表笔插入"COM"插孔。

2. 正确使用万用表

1）使用前，先检查表内电池是否有电。当屏幕显示欠电压符号 🔋 时，应更换电池。

2）正确测量。

① 测量直流电压/电流时：不必考虑正负极。若数值为负，则黑表笔处的电位高于红表笔处的电位。

② 测量电压时：万用表与被测电路并联。

③ 测量电流时：万用表与被测电路串联。

④ 测量电阻时：测量普通电阻阻值时不区分正负极，红、黑表笔可以任意接在电阻两端。若电阻焊接在电路板上，需要拆卸后再测量。测量二极管的正向电阻时，红表笔接二极管正极，黑表笔接二极管负极。注意：红表笔与表内电池正极相接。

3. 数字万用表使用注意事项

1）禁止用手接触表笔的金属部分，以保证人身安全和测量的准确度。超过量程时，万用表仅在最高位显示数字"1"，其他位均消失，这时应选择更高的量程。

2）不允许带电旋转转换开关，特别是在测量高电压和电流时更应禁止，以防电弧烧毁转换开关的触头。

3）如果无法预估被测对象大小，则应先拨至最高量程档测量一次，再视情况逐渐把量程减小到合适位置。测量完毕，应将量程开关拨到"OFF"档。

4）数字万用表长期不用时，应将表内电池取出，以防止电池漏液腐蚀表内电路。

1.3.2　测量误差

测量中，无论是采用什么样的仪器仪表和测量方法，使测量结果（测量值）与被测量的真实值（即实际值或简称真值）之间都会存在差异，这就是测量误差。

1. 误差分类

根据测量的性质和特点，测量误差可分为3类，即系统误差、偶然误差和粗大误差。

（1）系统误差

由于测量仪器仪表本身结构和制造工艺不完善（如刻度不准、电表零点未调好、仪表偏转轴的磨损、砝码未校正等），环境改变（如温度、压强变化，外界电磁场的干扰等），实验方法粗糙，实验理论和实验方法本身的近似性等原因造成的误差就叫作系统误差。

系统误差的特点是测量结果相对于真实值总是偏大或偏小，具有一定的规律。

系统误差是可以设法减少的，一般采用的方法有：选用精度较高的仪器仪表、提高操作技能、正确使用仪器仪表、改进测量仪器仪表和方法等。

（2）偶然误差

偶然误差是由于某种偶然因素所造成的，如温度、外界电磁场、电压、电源频率等因素对实验者、测量仪器仪表、被测对象的影响，这样造成的误差叫偶然误差。偶然误差的特点是在相同的测量条件下，测量值有时偏大，有时偏小，且偏大或偏小的机会均等，所以可采用多次测量取其平均值的方法来减少偶然误差。

（3）粗大误差

在一定的测量条件下，超出规定条件下预期的误差称为粗大误差，一般地，给定一个显著性的水平，按一定条件分布确定一个临界值，凡是超出临界值范围的值，就是粗大误差。

操作时疏忽大意，读数、记录、计算的错误等都会产生粗大误差。粗大误差是异常值，严重歪曲了实际情况，所以在处理数据时应将其剔除。

系统误差和偶然误差只能减少，不能完全消除。它们对测量值的精确程度起决定作用。

2.误差的表示方法

误差常有两种表示方法：绝对误差与相对误差。

（1）绝对误差

仪表的测量值 A_X 与真实值 A_0 之差，叫绝对误差，常用 Δ 表示：

$$\Delta = A_X - A_0$$

绝对误差的单位与被测量的单位相同，绝对误差在数值上有正负之分。

注意：绝对误差也是有单位的。

（2）相对误差

绝对误差无法比较测量结果的优劣，评价测量的优劣，必须采用相对误差。

绝对误差与被测量的真实值 A_0 之比，叫相对误差。用 r 表示，常写成百分数。

$$r = \frac{\Delta}{A_0} \times 100\%$$

1.4　习题

一、选择题

1.下列说法正确的是（　　）。

A.在安装或维修电气设备时，手和脖子可以戴金属饰品

B.在断开电源开关检修电气设备时，不用挂上电气安全标识

C.电气设备操作岗位下班前要断开电源总开关

D.电气设备旁边可以适当地放些易燃易爆物

2.当发生电气火灾时下列说法错误的是（　　）。

A.火灾发生后，开关设备的绝缘能力降低，拉闸时最好用绝缘工具操作

B.无法拉闸切断电源时，可逐相剪断电线

C.剪断空中电线时，剪断位置应在电源方向的支持物附近

D.可以使用水和泡沫灭火器扑灭带电设备上的火

3.下列不属于单相触电的是（　　）。

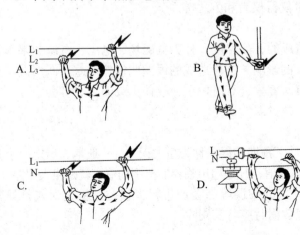

4.下列说法中属于系统误差特点的是（　　　　）。

A.在相同的测量条件下，有时偏大，有时偏小，无规律

B.由于实验者疏忽造成读错或记错

C.可以通过多次重复测量求平均值消除系统误差

D.测量结果总是向某一方向偏离，相对于真实值总是偏大或偏小，具有一定的规律

二、判断题

1.用验电笔判断电压高低时可根据氖管发光的强弱来判断。　　　　　　　　　（　　）

2.用验电笔可区分相线与零线，当验电器笔尖触及导线，氖管发光的即为相线。（　　）

3.把验电器连接在直流电的正负极之间，氖管中发光的一极即为正极。　　　（　　）

4.数字万用表上功能档中 **A⎓** 为交流电流档。　　　　　　　　　　　　　（　　）

5.数字万用表中红表笔与表内电池正极相接。　　　　　　　　　　　　　　（　　）

6.绝对误差只是个数值，没有单位。　　　　　　　　　　　　　　　　　　（　　）

三、填空题

1.人体触电的方式主要分为_____和_____。另外，高压电场、高频磁场、静电感应、雷击等也能对人体造成伤害。

2.主要的触电类型有两相触电、_____触电、_____触电等。

3.今有一只多量程电压表，量程为2V/20V/200V/750V，现测量7V的电压，应选用量程为_____。测量25V电压，应选用量程为_____。测量300V电压，应选用量程为_____。

4.触电的现场急救方法有_____和_____。

5.测量中，无论是采用什么样的仪表仪器和测量方法，都会使测量结果（测量值）与被测量的_____之间存在着差异，这就是测量误差，测量误差可分为3类，即_____、_____和_____。

四、综合题

1.如何应急处置触电事故？

2.可以采取哪些措施来减少或消除误差？

3.已知一个干电池标记的电压为1.5V，某次小明用数字万用表测量的电压为1.48V，请问本次测量中的绝对误差和相对误差分别是多少？

4.使用数字万用表时有哪些注意事项？

项目2　指针式万用表的装配与调试

知识目标

- 掌握电路的基本概念。
- 掌握电路的基本物理量。
- 掌握电路的基本定律。
- 掌握电路的分析方法。
- 熟悉电子元器件的识别方法。
- 熟悉焊接方法。

能力目标

- 会正确识别电子元器件。
- 会使用常用电工工具。
- 会正确使用电烙铁进行电路焊接。
- 会分析和计算电路。
- 会装配和调试指针式万用表。

任务 2.1 认识直流电路

❖ 布置任务

你知道什么是电路吗？直流电路又是怎么样的？让我们一起来学习吧！

电路

2.1.1 电路

1. 电路的定义

电流所流过的路径称为电路。它是为了某种需要由电工设备或元器件按一定方式组合起来的。

电路的结构形式和所能完成的任务是多种多样的，典型的电路模型如图 2-1 所示，手电筒电路如图 2-2 所示。

2. 电路的组成

电路的基本组成包括以下 3 部分。

1）电源（供能元件）：给电路提供电能的设备，如图 2-3 和图 2-4 所示。其作用是把其他形式的能量转化为电能。如：发电机、干电池及蓄电池等。

2）负载（耗能元件）：取用电能的设备，其作用是把电能转换为其他形式的能量。如：白炽灯、电动机、空调及电炉等。

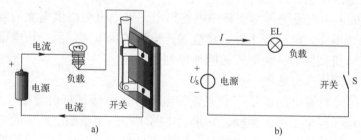

图 2-1 典型的电路模型

a）实物示意图 b）原理图

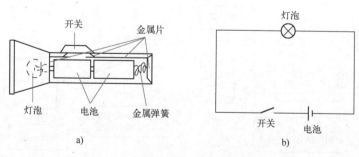

图 2-2 手电筒电路

a）实物结构图 b）原理图

图 2-3　各种蓄电池和干电池将化学能转换成电能

图 2-4　汽轮发电机和风力发电机将机械能转换成电能

3）中间环节：连接电源和负载，用来传递信号、传输、控制及分配电能。如连接导线、控制和保护电路的元器件（如开关、按钮、熔断器、接触器及各种继电器等）。

3. 电路的作用

（1）实现电能的传输、分配与转换

图 2-5 所示的电力网系统即为完整的电路组成，发电机为提供电能的装置，它将其他形式的能量转换成电能，经过变压器、输电线传输到各用电部门后，用电部门再将电能转换成光能、热能、机械能等其他形式的能加以利用。

（2）实现信号的传递与处理

图 2-6 所示的传声器电路也是一个完整的电路，传声器是将语音信号转换成电信号，电源和信号源的电压或电流称为激励，它推动电路工作。由激励所产生的电压和电流称为响应，放大器及中间传输线路为中间环节，起到信号放大、调谐、检波等处理工作，最后传输给负载扬声器，发出声音。

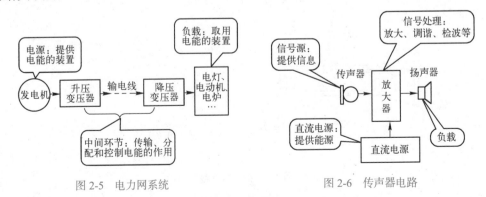

图 2-5　电力网系统　　　　　　　图 2-6　传声器电路

2.1.2 电路模型

1. 电路模型的概念

由于实际电路的几何形态差异很大，并且电路的各元器件和导线之间存在相互影响的电磁干扰，在电路分析中如都用实际电路分析，十分复杂。因此，对于实际电路的研究，通常只需要考虑电路各元器件的主要电特性，把实际元器件进行近似化、理想化处理，用规定的特定符号表示，这样构成的电路称为实际电路的电路模型。

2. 常用理想电路元器件符号

几种常用理想电路元器件符号见表 2-1。

表 2-1　几种常用理想电路元器件符号

名称	符号	名称	符号
理想电流源	⊖	受控电流源	◇
理想电压源	⊖	受控电压源	◇
电阻	▭	理想二极管	▷
可变电阻	▱	理想导线	
电容	┤├	理想开关	
电感	⌒⌒⌒	二端元件	▭

3. 电路图

用规定的图形符号表示电路连接情况的图称为电路图，如图 2-1b 和图 2-2b 所示。以下讨论的电路一般都指这样抽象的电路模型。

2.1.3 电路的状态

电路的工作状态有 3 种：通路、开路和短路。

1. 通路

通路也称为闭路，即电路各部分连接成闭合回路，电路中有电流通过。电气设备或元器件获得一定的电压和电功率，进行能量转换。如图 2-7 所示，开关 S 闭合时为通路，电路工作正常。

2. 开路

开路也称为断路，即电路断开，电路中无电流通过，也称为空载。如图 2-7 所示，开关 S 断开时电路为开路，负载 R_L 中没有电流流过。

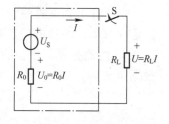

图 2-7　电路的状态

3. 短路

短路也称为捷路，即电源两端或电路中某些部分被导线直相连接。短路时电流很大，会损坏电源和导线，应尽量避免。输出电流过大对电源来说属于严重过载，如没有保护措施，电源或电器会被烧毁或发生火灾，所以通常要在电路或电气设备中安装熔断器、熔丝等保险装置，以避免发生短路时出现不良后果。如图 2-8 所示，在电路中短接一条线时，电流就不会通过负载 R_L，处于短路状态。

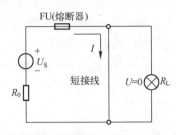

图 2-8 电路的短路状态

电路 3 种工作状态的特征如表 2-2 所示。

表 2-2 电路 3 种工作状态的特征

电路状态	电路总电阻	电流	电压		功率	
			电源端电压	负载端电压	电源输出功率	负载功率
开路	∞	0	E	0	0	0
短路	R_0	E/R_0	0	0	0	0
通路	$R_L + R_0$	$E/(R_L + R_0)$	$E-IR_0$		$UI = EI-R_0I^2$	

2.1.4 电路的基本物理量

1. 电流

1）概念。电荷的定向移动形成电流。

2）方向。规定以正电荷定向移动的方向作为电流的方向，也叫作电流的实际方向。

电荷有正、负两种，当负电荷做定向移动时，相当于与之等量的正电荷向相反的方向做定向移动，即负电荷定向移动的方向与电流方向相反。

3）电流强度。单位时间内通过导体横截面的电荷量定义为电流强度，用字母 I 表示。根据定义有：

$$I = \frac{Q}{t} \tag{2-1}$$

式中，Q 是时间 t 内通过导体横截面的电量，单位为库仑（C）；时间 t 的单位是秒（s）。

电流强度 I 的单位是安培（A），常用的还有千安（kA）、毫安（mA）和微安（μA）等。

$$1kA = 10^3 A, \quad 1mA = 10^{-3} A, \quad 1\mu A = 10^{-6} A$$

电流强度是描述电流强弱的物理量，通常也叫作电流。它是电路的一个基本物理量。

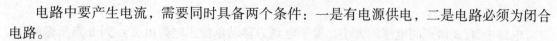

电路中要产生电流，需要同时具备两个条件：一是有电源供电，二是电路必须为闭合电路。

4）电流的分类。

电路中的电流有的始终保持不变，有的是不断在变化。根据电流变化的情况，电流有两种基本的形式：直流电流和交流电流。

直流电流：电流方向不随时间变化的电流叫作直流电流。而大小和方向均不随时间变化的电流叫作稳恒直流电流，简称直流，常用字母"DC"表示；方向不变、大小随时间变化的电流叫作脉动直流电流。

交流电流：电流方向随时间变化的电流叫作交变电流，简称交流，常用字母"AC"表示。而大小和方向随时间按正弦规律做周期性变化的电流叫作正弦交流，常用字母"AC"表示；大小和方向随时间不按正弦规律做周期性变化的电流叫作非正弦交流。电流的分类如图2-9所示。

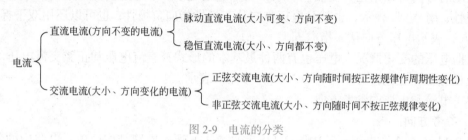

图2-9　电流的分类

直流和正弦交流随时间变化的曲线如图2-10所示。

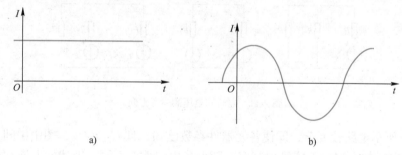

图2-10　直流和正弦交流随时间变化的曲线

a）直流　b）正弦交流

通过以后的学习，将看到其他形式的变化电流都可由直流和一些不同的正弦交流合成来获得。

2. 电压

电荷在电路中要受到电场力的作用，自由电荷在电场力的作用下产生了定向移动。电路中的电场是由电源建立的。电场力移动电荷做了功，消耗了电场能。不同的电源移动电荷做功的本领不相同，为了描述电场做功的本领，引入电压这个物理量。电压是描述电场力做功本领的物理量，它也是电路的一个基本物理量。

（1）概念

电路中 A、B 两点间电压的大小，等于电场力移动单位正电荷由 A 点到 B 点所做的功。电压用字母 U 表示，根据定义，其表达式为：

$$U = \frac{W}{Q} \tag{2-2}$$

式中，W 是电场力移动正电荷 Q 所做的功，单位为焦耳（J）；Q 的单位为库仑（C）。

电压的单位是伏特（V），常用的还有千伏（kV）、毫伏（mV）和微伏（μV）等。

$$1kV = 10^3V, \quad 1mV = 10^{-3}V, \quad 1\mu V = 10^{-6}V$$

（2）方向

当电场力移动正电荷从 A 到 B 所做的功 W > 0 时，规定电压的方向从 A 指向 B。

电压的方向可以用正、负极性表示，在上述情况下，A 为正极性，用"＋"表示，B 为负极性；用"－"表示，也就是电压方向从正极性指向负极性；也可以还用双下标表示，比如 U_{ab}，表示电压方向从 a 指向 b。

根据电压的变化情况，电压也有两种最基本的形式：直流电压和正弦交流电压。定义与电流的相似，也同样分别用"DC"和"AC"表示。

（3）电流和电压的参考方向

1）参考方向。

图 2-11 中有 3 个电路，其中图 2-11a 和图 2-11b 所示电路结构简单，电路中的各个电流和电压的方向一目了然，经简单计算则可求出各支路电流和电压。

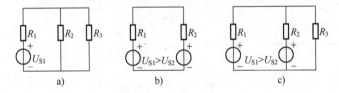

图 2-11　电流和电压的参考方向

图 2-11c 所示电路较复杂，即使各元器件参数已知，且 $U_{S1} > U_{S2}$，图中中间支路的电流和电阻 R_2 上电压的方向均不能简单判定。随着各电阻取值不同，上述的电流和电压的方向可能向上，也可能向下，其数值还可能是零。结论须待对电路进行分析计算后才能得出。

当不知道电流或电压的方向时，为了便于分析计算，可预先假设一个方向。这个假设的电流或电压的方向，称为参考方向。

引入参考方向以后，表示电流或电压的数值，不仅有正数和零，而且包括了负数。正数表示参考方向与实际方向相同，负数表示参考方向与实际方向相反。电压和电流的实际方向与参考方向如图 2-12 所示。

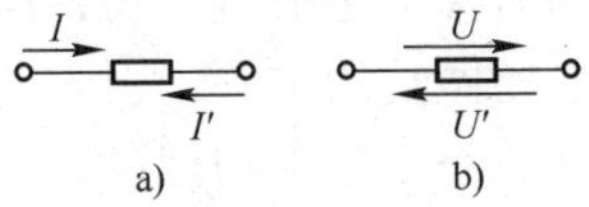

图 2-12　电压和电流的实际方向与参考方向

图 2-12a 中，设 $I = 3A$，若取 I' 为电流参考方向，则 $I' = -3A$。

图 2-12b 中，设 $U = -5V$，若取 U' 为电压参考方向，则 $U' = 5V$。

原则上参考方向可任意选择。分析电路时，根据事先选定的参考方向分析，若计算结果为正值，表示实际方向与参考方向一致，若计算结果为负值，表示实际方向与参考方向相反。

当电压参考方向用双下标表示时，有 $U_{ab} = -U_{ba}$。

实际的电路很多要比图 2-11c 复杂，在进行电路计算时，要先假设参考方向。

引入参考方向以后，要完整表达某一电流或电压，必须包括 3 方面内容：①图中画出代表参考方向的箭头；②表示电流或电压的字母 I 或 U；③用带单位的实数量代表电流或电压的值。

电流的表示如图 2-13 所示，其中图 2-13a 中电流的表达是完整的，图 2-13b 中箭头上无电流字母 I，图 2-13c 中既无箭头又无字母，后两者的表达式是不完整的。

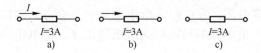

图 2-13　电流的表示

引入参考方向以后，电流或电压的已知量的方向也用参考方向表示。对于已知量，可以把量值直接写在参考方向的旁边，已知量的表示如图 2-14 表示。

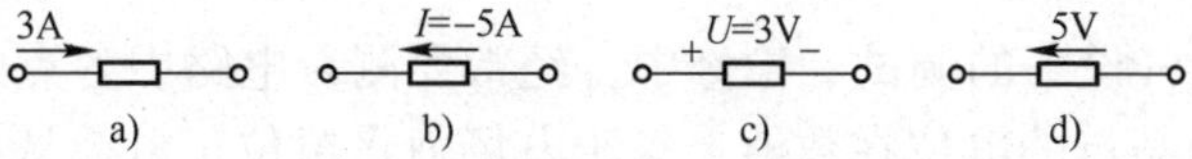

图 2-14　电流或电压已知量的表示

2）关联参考方向与非关联参考方向。

对于任一电路或一个电路元器件，如果选定电流与电压的参考方向一致，则把电流和电压的这种参考方向称为关联参考方向。

在电路计算时，选定电流、电压的参考方向为关联参考方向时比较方便。

与关联参考方向相对应，如果对于一个电路或一个电路元器件选定电流与电压参考方向不一致，称为非关联参考方向。

关联与非关联参考方向如图 2-15 所示。

图 2-15　关联与非关联参考方向

a）电压、电流关联参考方向　b）电压、电流非关联参考方向

3）使用参考方向需注意的几个问题。

①电压、电流方向是客观的，但参考方向可任意假设。

②参考方向一经设定，在解题中就不能再变。

③ 不设参考方向，电压、电流的正、反是没有意义的，换句话说就是以后解题时必须设定电压、电流参考方向。

④ 参考方向的假设，不影响解题结论的正确性。

⑤ 电压、电流参考方向的可独立假设，但一般采用关联参考方向。

3. 电动势

非静电力把电源内部单位正电荷从负极经电源内部移到正极所做的功，称为电动势。一般用符号 e 或 E 来表示。其数学表达式为：

$$e = \frac{\mathrm{d}W}{\mathrm{d}q} \tag{2-3}$$

在直流情况下，用大写的符号 E 来表示。电动势和电位一样属于一种势能，它能够将低电位的正电荷推向高电位，如同水泵能够把低处的水抽到高处的作用一样。它反映了电源内部能够将非电能转换为电能的本领。

电动势只存在于电源内部，在电路分析中也是一个有方向的物理量，其实际方向的规定与电压实际方向相反，由电源的负极指向电源的正极，即电位升高的方向。其单位和电压一样，也是伏特（V）。

电压和电位是衡量电场力做功本领的物理量，电动势则是衡量非静电力做功本领的物理量。

电位

4. 电位

（1）概念

在电路分析或电气设备的调试、检修中，经常要测量电路中各点的电位，以便比较两点的电性能。电路中某点的电位在数值上等于电场力将单位正电荷从该点移到参考点所做的功，参考点的电位为零。与电压的定义比较可知：电路中某点的电位，实际上就是该点与参考点之间的电压。a 点的电位用 V_a 表示。

1）电位参考点的选择原则上是任意的，实际使用中常选大地为参考点，用"⊥"表示。

有些设备的外壳是接地的，这时与机壳相接的各点，均为零电位。有些设备的机壳是不接地，则选择许多导线的公共点为参考点，用"⊥"表示。参考点的电位为零。

2）电位与电压的关系：$U_{AB} = V_A - V_B$。

注意：$U_{AB} \neq U_{BA}$，$U_{AB} = -U_{BA}$。

3）电位的单位：与电压相同，也是伏特（V）。

（2）电位的计算

从参考点出发，沿任一通路到待求点，遇到电压升记为"＋"，电压降记为"－"，求各元器件电压代数和，即为该点电位。

【例 2-1】求图 2-16 电路中以不同点为参考点时，各点的电位及电压。

解：本电路是单回路，电流处处相等，先求出电流

$$I = \frac{2}{1+3} \mathrm{mA} = 0.5\mathrm{mA}$$

以 A 点为参考点，则

$$V_B = V_B - V_A = U_{BA} = -U_{AB} = -IR_1 = -0.5\text{mA} \times 1\text{k}\Omega = -0.5\text{V}$$

$$V_C = V_C - V_A = U_{CA} = -U_{AC} = -2\text{V}$$

$$U_{AB} = V_A - V_B = 0\text{V} - (-0.5)\text{V} = 0.5\text{V}$$

$$U_{BC} = V_B - V_C = -0.5\text{V} - (-2)\text{V} = 1.5\text{V}$$

$$U_{AC} = V_A - V_C = 0\text{V} - (-2)\text{V} = 2\text{V}$$

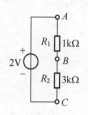

图2-16 例2-1图

同理,可求出以 B 或 C 为参考点时,各点的电压与电位。

选 A、B、C 为参考点时,各点电压与电位关系见表2-3。

表2-3 电压与电位的关系

参考点	电压			电位		
	V_A/V	V_B/V	V_C/V	U_{AB}/V	U_{BC}/V	U_{AC}/V
A	0	−0.5	−2	0.5	1.5	2
B	0.5	0	−1.5	0.5	1.5	2
C	2	1.5	0	0.5	1.5	2

由表2-3各数值可见:

① 电位跟参考点的选择有关,而电压跟参考点的选择无关。

② 电位是某点与参考点间的电压,而电压是指某两点间(不一定是参考点)的电压。

5. 电能和电功率

根据电压的定义式:

$$U = \frac{W}{Q} \tag{2-4}$$

推得: $W = UQ$,表示力在电压是 U 的两点之间定向移动正电荷 Q 所做的功,也表示减少(消耗)的电场能量。

根据功率与能量关系:

$$P = \frac{W}{t} \tag{2-5}$$

得电功率:

$$P = U\frac{Q}{t} \tag{2-6}$$

由电流定义式:

$$I = \frac{Q}{t} \tag{2-7}$$

得:

$$P = UI \tag{2-8}$$

很明显式中的正电荷 Q 是沿着电压方向做定向移动的,也就是说 U 与 I 为关联参考方向,如图2-17a所示,功率 P 的单位为瓦(W)。

图 2-17 功率方向

如果 U 与 I 为非关联参考方向，如图 2-17b 所示，则：

$$P = -UI \qquad （2-9）$$

引入参考方向以后，U 和 I 的值都是可正、可负的实数值，所以 P 的值也是可正、可负的实数值。

在电压、电流取关联参考方向时，$P > 0$ 表示元器件吸收功率；$P < 0$ 表示元器件发出功率。

电能量还有一个日常使用的单位，叫作"度"。如果用电器的功率是 1kW，则它使用 1h，所消耗电能量为 1 度，即：

1 度 = 1 千瓦 × 1 小时 = 1 千瓦时（kW·h）= 1000W × 3600s = 3.6×10^6J

根据以上关系，已知用电器的功率和用电时间就可计算出其消耗的电能。

$$W = UIt \qquad （2-10）$$

2.1.5 指针式万用表的工作原理

1. 指针式万用表的工作原理

指针式万用表的电路结构可以简化为图 2-18 所示的模型图。

它由表头、电阻测量档、电流测量档、直流电压测量档和交流电压测量档几个部分组成，图中"−"为黑表笔插孔，"+"为红表笔插孔。

测电压和电流时，外部有电流流入表头，因此无须内接电池。

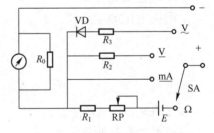

图 2-18 指针式万用表电路结构的模型

当把档位开关旋钮 SA 拨到交流电压档时，通过二极管 VD 整流、电阻 R_3 限流，由表头显示出来；当拨到直流电压档时不须二极管整流，仅须电阻 R_2 限流，表头即可显示；拨到直流电档时既不须二极管整流，也不须电阻 R_2 限流，表头即可显示；测电阻时将档位开关 SA 拨到"Ω"档，这时外部没有电流通入，因此必须使用内部电池作为电源，设外接的被测电阻为 R_x，表内的总电阻为 R，形成的电流为 I，由 R_x、电池 E、可调电位器 RP、固定电阻 R_1 和表头部分组成闭合电路，形成的电流 I 使表头的指针偏转。红表笔与电池的负极相连，通过电池的正极与电位器 RP 及固定电阻 R_1 相连，经过表头接到黑表笔与被测电阻 R_x 形成回路，产生电流使表头显示。回路中的电流为：

$$I = \frac{E}{R_x + R} \qquad （2-11）$$

由上式可知，I 和被测电阻 R_x 不成线性关系，所以表盘上电阻标度尺的刻度是不均匀的。当电阻越小时，回路中的电流越大，指针的摆动越大，因此电阻档的标度尺刻度是反向分度。当万用表红、黑两表笔直接连接时，相当于外接电阻 $R_x = 0$，那么

$$I = \frac{E}{R_x + R} = \frac{E}{R}$$

此时通过表头的电流最大，表头摆动最大，因此指针指向满刻度处，向右偏转最大，显示阻值为 0Ω。

反之，当万用表红、黑两表笔开路时 $R_x \to \infty$，R 可以忽略不计，则

$$I = \frac{E}{R_x + R} \approx \frac{E}{R_x} = 0$$

此时通过表头的电流最小，因此指针指向 0 刻度处，显示阻值为 ∞。

2. MF47 万用表电路原理图

MF47 型号的指针式万用表是常用的万用表之一，它的电路具有典型性，其他型号指针式万用表的电路组成及原理与其基本相同，MF47 万用表电路原理图如图 2-19 所示，它的显示表头是一个直流 μA 表，RP_2 是电位器用于调节表头回路中的电流大小，VD_3、VD_4 两个二极管反向并联并与电容并联，用于保护限制表头两端的电压起保护表头的作用，使表头不至于电压、电流过大而烧坏。电阻档分为 $\times1\Omega$、$\times10\Omega$、$\times100\Omega$、$\times1k\Omega$、$\times10k\Omega$、几个量程，当转换开关拨到某一个量程时，与某一个电阻形成回路，使表头偏转，测出阻值的大小。MF47 万用表电路由以下几个部分组成：公共显示、保护电路、直流电流、直流电压、交流电压和电阻部分。

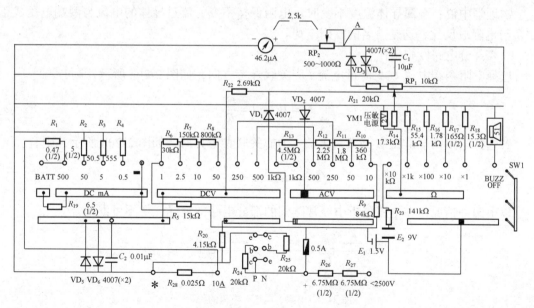

图 2-19 MF47 万用表电路原理图

任务2.2　认识电路元器件

❖ 布置任务

你知道电路中有哪些常用元器件吗？如何来识别和检测元器件呢？让我们一起来学习吧！

电路元器件是电路最基本的组成单元，它们是为了建立电路模型而提出的一种理想元器件。这里介绍在电路中最常用、也是最基本的电路元器件，即电阻、电容、电感及电源。

2.2.1　电阻元件

1. 电阻的定义

电流通过导体，导体对电流有一定的阻碍作用，这个阻碍作用称为电阻。导体的电阻与导体的尺寸（大小、长短）、构成导体的材料以及外部条件（如温度）有关。电阻用字母"R"表示。

2. 电阻的单位

电阻的单位在国际单位制中是欧姆（Ω），常用的还有千欧（kΩ）、兆欧（MΩ）等。

$$1k\Omega = 10^3\Omega, \quad 1M\Omega = 10^3 k\Omega = 10^6\Omega$$

3. 欧姆定律

物理学中说：金属导体温度不变时，电阻保持不变，流过导体的电流与两端电压成正比，与电阻成反比，这是著名的欧姆定律。

（1）部分电路欧姆定律

选择电阻两端电压 U 与流过电流 I 为关联参考方向，如图 2-20a 所示，则有：

$$U = IR \text{ 或 } I = \frac{U}{R} \tag{2-12}$$

若选择电阻两端电压 U 与流过电流 I 为非关联参考方向，如图 2-20b 所示，则有：

$$U = -IR \text{ 或 } I = -\frac{U}{R} \tag{2-13}$$

以上两种情况是在电路分析中经常碰到的部分电路的情况，切不可混淆。

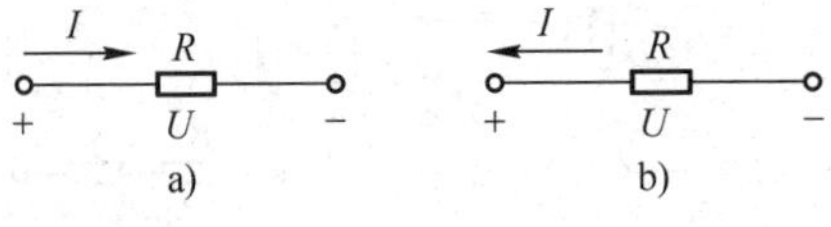

图 2-20　电阻、电压、电流的关系

（2）全电路欧姆定律

一个包含电源、负载在内的闭合电路称为全电路，如前面所学的图 2-7 所示。当开关S 闭合构成闭合通路时，有：

$$I = \frac{U_S}{R_0 + R_L} \quad (2\text{-}14)$$

同样满足欧姆定律的关系。

4. 电阻的伏安特性

电阻的伏安特性是指电阻两端电压与通过它的电流之间的关系。

由欧姆定律可知，电阻的伏安特性是 $U = IR$。以电流为横坐标，以电压为纵坐标，可画出电阻的伏安特性曲线。如电阻的数值不随其上的电压或电流变化，是一常数，则称电阻为线性电阻。其伏安特性曲线是一条过原点的直线，线性电阻的伏安特性曲线如图 2-21 所示。

如果电阻的数值随其上的电压或电流的变化而变化，这种电阻称为非线性电阻。其伏安特性曲线是一条曲线。图 2-22 所示是二极管的伏安特性曲线。二极管是非线性电阻元件。

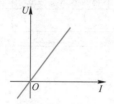

图 2-21 线性电阻的伏安特性曲线   图 2-22 二极管的伏安特性曲线

5. 电阻元件的功率

根据电功率公式，U、I 为关联参考方向时，$P = UI$，代入 $U = IR$ 或 $I = \frac{U}{R}$ 关系式，

可得：
$$P = I^2 R \ 或 \ P = \frac{U^2}{R} \quad (2\text{-}15)$$

若 U、I 为非关联参考方向时，$P = -UI$，代入 $U = -IR$ 或 $I = -\frac{U}{R}$ 关系式，

可得：
$$P = I^2 R \ 或 \ P = \frac{U^2}{R} \quad (2\text{-}16)$$

可见，只要 U 和 I 不等于零，P 永远大于零，与参考方向选择无关。在电路中，电阻只消耗功率，不会发出功率，只能用作负载，不能用作电源。

本课程只讨论线性电阻，若不特别声明，所讲的电阻都是指线性电阻。

6. 电阻的标识

目前，普通电阻大多采用色环来标识，即采用在电阻表面印制不同颜色的色环来表示电阻标称阻值及误差等，所以也被称为色环电阻。

电阻的标识

四色环电阻为常用电阻，而五色环电阻的精度较高，最高精度为 ±0.1%，标称阻值比较准确。在读数时一定要分清楚色环的始端和末端，记住色环离电阻边缘较近的一端为首端，较远的一端为末端。各色环电阻的含义及识读如图 2-23 所示。

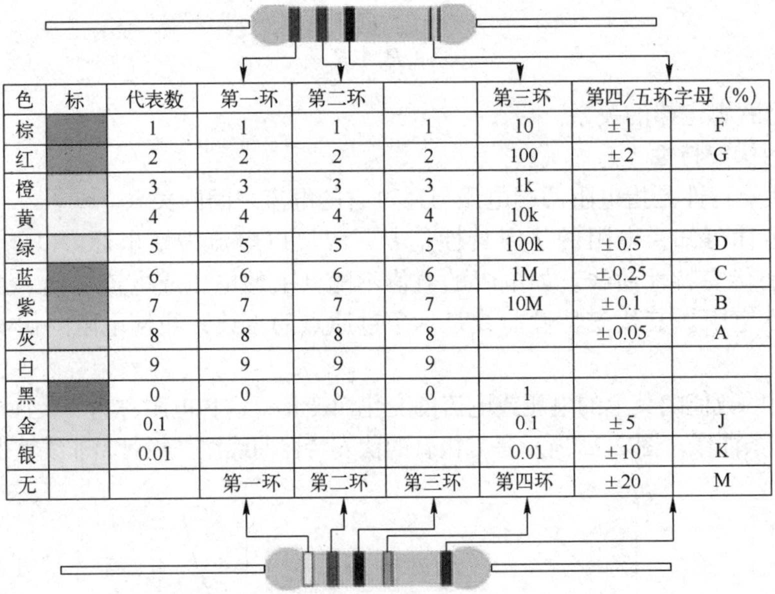

图 2-23 各色环电阻的含义及识读

色标	标	代表数	第一环	第二环		第三环	第四/五环字母（%）	
棕		1	1	1	1	10	±1	F
红		2	2	2	2	100	±2	G
橙		3	3	3	3	1k		
黄		4	4	4	4	10k		
绿		5	5	5	5	100k	±0.5	D
蓝		6	6	6	6	1M	±0.25	C
紫		7	7	7	7	10M	±0.1	B
灰		8	8	8	8		±0.05	A
白		9	9	9	9			
黑		0	0	0	0	1		
金		0.1				0.1	±5	J
银		0.01				0.01	±10	K
无			第一环	第二环	第三环	第四环	±20	M

2.2.2 电容元件

1. 电容的定义

两个导体中间隔以纸、云母、陶瓷等绝缘材料就构成一个电容器，在外电源作用下，两个极板上能分别存储等量的异性电荷形成电场，储存电能。因此，电容元件是一种能聚集电荷、存储电能的二端元件。电容器极板上储存的电量 q 与外加电压的关系为 $q = Cu$。u 一定时，C 越大的电容，q 越多。可见 C 是表征电容元件的特性参数，称为电容量，简称为电容。

2. 电容的单位

电容的单位是法拉（F），简称法，常用的电容单位还有：微法（μF）、皮法（pF），它们之间的关系为：

$$1F = 10^6 \mu F = 10^{12} pF$$

3. 电容的电压、电流之间的关系

电容的电压、电流示意如图 2-24 所示，设电容元件电压与电流为关联参考方向时，电容两端电压有 du 变化时，则电容器上的电荷量也有相应的 dq 的变化，且 dq = Cdu，其中比例系数 C 称为电容器的电容量。

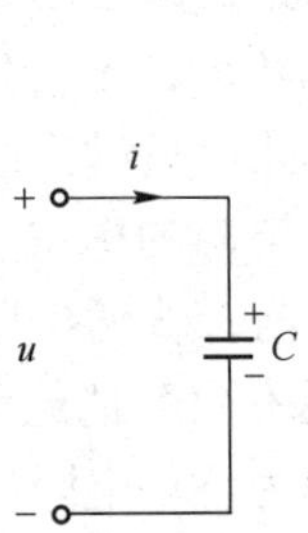

所以流过电容电路的电流：　　$i = \dfrac{dq}{dt} = C \dfrac{du}{dt}$ 　　（2-17）

图 2-24 电容的电压、电流示意

上式说明，当电容两端电压不随时间变化，即为直流时，电容电路中的电流为零，因此电容器在直流电路中视为开路，即起着"隔直"作用。但当电流为交流时，$\dfrac{du}{dt} \neq 0$，即电容电路中的电流不为零，因此电容器在交流电路中有电流通

过，视为通路。总之，电容有"通交隔直"的作用。

4.电容元件的储能

电容在充电时吸收的能量全部转换为电场能量，放电时又将储存的电场能量释放回电路，它本身不消耗能量，也不会释放出多于它吸收的能量，所以称电容为储能元件。

当电容的电压和电流为关联方向时，电容吸收的瞬时功率为：

$$p = ui = Cu\frac{\mathrm{d}u}{\mathrm{d}t} \tag{2-18}$$

瞬时功率可正、可负，当 $p > 0$ 时，说明电容是在吸收能量，处于充电状态；当 $p < 0$ 时，说明电容是在供出能量，处于放电状态。

经理论推导，电容储存的能量为： $W_{\mathrm{C}} = \frac{1}{2}Cu^2 \tag{2-19}$

式中，W_{C} 为电容器储存的能量；C 为电容器的电容量；u 为电容器两端的电压。

2.2.3 电感元件

1.电感的定义

电路中经常用到导线绕成的线圈，当电流通过线圈时，线圈周围就建立了磁场。

当电流通过电感器时，就有磁通与线圈交链，当磁通与电流 i 参考方向之间符合右手螺旋关系时，磁链与电流的关系为 $\Psi(t) = Li(t)$，L 为磁链与电流之间的比例系数，称为电感量，简称为电感。

2.电感的电压、电流之间的关系

根据电磁感应定律，电感两端出现（感应）电压 u，当 u、i 为关联方向时，电感的电压、电流如图 2-25 所示，有：

$$u = \frac{\mathrm{d}\Psi}{\mathrm{d}t} = \frac{\mathrm{d}(Li)}{\mathrm{d}t} = L\frac{\mathrm{d}i}{\mathrm{d}t} \tag{2-20}$$

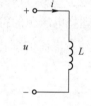

图 2-25 电感的电压、电流

上式表明某一时刻电感元件两端电压的大小取决于该时刻电流对时间的变化率，与该时刻电流的大小无关。只有当电流变化时，其两端才会有电压。如果电感元件的电流不随时间变化，比如直流电，电感两端就没有电压，所以在直流电路中，电感元件相当于短路。

3.电感量 L

线圈的磁链 ψ 与产生它的电流 i 的比值 $L = \frac{\psi}{i}$ 称为电感线圈的电感系数，或称为自感系数，简称电感。

国际单位制中，电感的单位为亨利，简称亨。符号为 H，还有较小的单位毫亨（mH）和微亨（μH），它们间的换算关系为：

$$1\mathrm{mH} = 10^{-3}\mathrm{H}, \quad 1\mu\mathrm{H} = 10^{-6}\mathrm{H}$$

电感的值与线圈的匝数、尺寸、形状以及有无铁心有关。线圈匝数越多，截面积越大，其电感也越大。有铁心的线圈比无铁心的线圈电感要大得多。

4. 电感元件的储能

电感元件有电流通过时，电流在线圈周围产生磁场，并存储磁场能量，因此，电感元件也是一种储能元件。选择电感电压和电流为关联方向时，电感吸收的瞬时功率为：

$$p = ui = Li\frac{\mathrm{d}i}{\mathrm{d}t} \tag{2-21}$$

与电容一样，电感的瞬时功率也可正可负，当 $p > 0$ 时，表示电感从电路吸收功率，储存磁场能量；当 $p < 0$ 时，表示供出能量，释放磁场能量。

经理论推导，电感元件储存的能量为：$W_L = \frac{1}{2}Li^2$ (2-22)

式中，W_L 为电感器储存的能量；L 为电感元件的电感量；i 为流经电感元件的电流。

2.2.4 电源元件

电源的作用主要是为电路提供电能，提供电能的方式有两种：提供电压和提供电流。为此，电源有两种形式：电压源——提供电压，电流源——提供电流。

1. 理想电压源

（1）理想电压源的概念

如果电源内阻为零，电源将为电路提供一个恒定不变的电压，这种电源称为理想电压源，简称为恒压源。理想电压源的特点：它的电压恒定不变，通过它的电流由与之相联的外电路决定，由于理想电压源没有内阻，所以没有内部能量损耗。

（2）理想电压源的符号及其伏安特性

理想电压源的符号如图 2-26 所示，其伏安特性如图 2-27 所示，可见其端电压 $U = U_s$，不会随着电流的变化而发生改变。

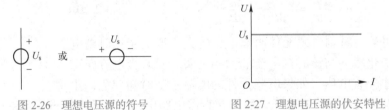

图 2-26　理想电压源的符号　　　　图 2-27　理想电压源的伏安特性

理想电压源实际上是不存在的，若电源内阻 R_0 远小于负载电阻 R，由于 R_0、R 是串联的，相对外电压而言，IR_0 很小，可忽略，此时 $U \approx U_s$，此时就可把这个电源近似看成是理想电源。通常，稳压电源、新干电池都可近似看成是理想电压源。

2. 理想电流源

（1）理想电流源的概念

如果电源内阻无穷大，电源将为电路提供一个恒定的电流，这种电源称为理想电流源，简称为恒流源。理想电流源的特点：提供的是恒定的电流，与施加在其上的电压无关，其端电压由与之相联的外电路决定。

（2）理想电流源的符号及其伏安特性

理想电流源的符号如图 2-28 所示，理想电流源的伏安特性如图 2-29 所示，可见其电

流 $I = I_s$，不会随着电压的变化而发生改变。

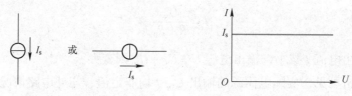

图 2-28　理想电流源的符号　　　图 2-29　理想电流源的伏安特性

　　同样，理想电流源实际上也是不存在的，但若电流源内阻 R_0 远大于负载电阻 R（R_0 与 R 并联）时，其输出电流基本恒定，这时的电源可近似看作理想电流源。通常恒流电源、光电池、在一定工作条件下的晶体管均可看作是理想电流源。

　　理想电压源和理想电流源一般是用来提供功率的，但有时也可从电路中吸收（消耗）功率，如手机上的电池在手机使用时向外提供功率，充电时则从电路中吸收功率。如何判断电源是提供功率还是吸收功率？可利用功率的正、负值确定，即 $P > 0$，吸收功率；$P < 0$，提供功率。

3. 实际电源的两种电路模型

　　理想电压源、理想电流源都只提供电能，而实际电源由于内部有一定的电阻，要消耗一定的电能，因此实际电源的电路模型可看作由两部分组成：一是产生电能的理想电源元件；二是消耗电能的理想电阻元件。对应两种理想电源，实际电源电路模型也有两种：电压源模型和电流源模型。

（1）实际电压源模型

　　一个实际电压源可用一个理想电压源和一个电阻串联组合而成。电压源模型如图 2-30 所示。

　　电压源与外电路的连接如图 2-31 所示，由图可得电压源的端电压：

$$U = U_S - IR_0 \tag{2-23}$$

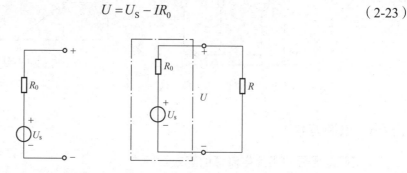

图 2-30　电压源模型　　　图 2-31　电压源与外电路连接

　　电压源输出电压 U 与电流 I 之间的关系称为电压源的伏安特性。根据 $U = U_S - IR_0$ 可作出电压源伏安特性曲线，如图 2-32 所示。

　　图 2-33 为内阻分别为 R_{01}、R_{02} 的两个电压源的伏安特性，其中 $R_{01} < R_{02}$，由图可见：内阻越小的电压源，其输出电压越稳定，即电压源的性能越好。所以一般电压源的内阻很小。内阻越小，越接近理想电源。

由图 2-33 可见，当负载 R 增大时，根据：

$$I = \frac{U_S}{R + R_0}$$

电压源的输出电流 I 减小，输出电压 $U = U_S - IR_0$ 则变大。

综合以上分析可见，实际电压源的输出 U、I 均非定值，与外电路情况有关。

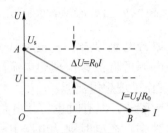 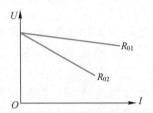

图 2-32　电压源伏安特性曲线　　　　图 2-33　两个电压源的伏安特性

（2）实际电流源模型

一个实际电流源也可等效为一个理想电流源和一个内电阻 R_0 并联，电流源与外电路连接如图 2-34 所示。

电流源的输出电流：　　　　　　　$I = I_S - U / R_0$　　　　　　　　　　　　　　（2-24）

根据上式可得电流源伏安特性，如图 2-35 所示，当负载增大时，电流源的输出电压增大，输出电流减小。可见，电流源的输出电压和电流也不是定值，也与外电路有关。

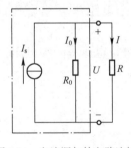 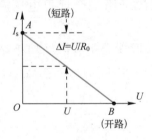

图 2-34　电流源与外电路连接　　　　图 2-35　电流源伏安特性

2.2.5　电源互换

电源互换

1. 实际电压源和实际电流源的等效互换

当两个实际电源外接同样的负载 R，输出的电流 I 及端电压 U 完全相同，则可认为这两个实际电源是等效的。如 2.2.4 节中图 2-30 和图 2-34 所示，根据图 2-30 可知，电压源的输出端电压：$U = U_S - IR_0$，由图 2-34 可得电流源的输出电流：$I = I_S - U / R_0$。若虚线框中的两个实际电源是等效的，即它们的负载电阻 R、输出电流 I 和输出电压 U 相同时有：

$$U = U_S - IR_0 \Leftrightarrow I = \frac{U_S - U}{R_0}$$

对比公式 $I = I_s - U / R_0$ 可见，此时有 $\dfrac{U_s}{R_0} = I_s$，$U_s = I_s R_0$。

实际电压源和实际电流源的等效互换如图 2-36 所示。

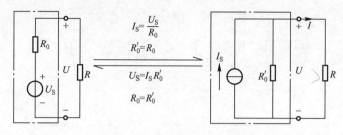

图 2-36 实际电压源和实际电流源的等效互换

因此，可以得到结论：由理想电压源 U_s 与内阻 R_0 串联构成的实际电压源和理想电流源 I_s 与内阻 R_0 并联构成的实际电流源之间可以进行等效变换，其中 $\dfrac{U_s}{R_0} = I_s$，$U_s = I_s R_0$。

注意：理想的电压源与理想电流源之间不能进行互换。

2. 两种电源等效变换时应注意的几个问题

1）等效变换仅对外电路成立，对电源内部是不等效的。

2）只有实际电源之间可进行等效变换，理想电压源和理想电流源之间不能进行等效变换。

3）变换时两种电源模型的极性必须一致，如图 2-37 所示。

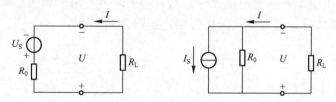

图 2-37 两种电源等效变换的极性

3. 几种含源电路的等效变换

1）几个电压源串联时，可合成一个电压源，如图 2-38 所示。

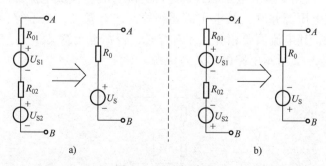

图 2-38 电压源串联

对于图 2-38a，U_{S1}、U_{S2} 极性相同，$U_S = U_{S1} + U_{S2}$，$R_0 = R_{01} + R_{02}$

对于图 2-38b，U_{S1}、U_{S2}，极性相反，设 $U_{S1} < U_{S2}$，则 $U_S = U_{S2} - U_{S1}$（U_{S1} 极性与 U_{S2} 相同），$R_0 = R_{01} + R_{02}$

2）几个电流源并联时，可合成一个电流源，如图 2-39 所示。

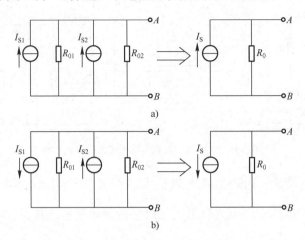

图 2-39　电流源并联

对于图 2-39a，$I_S = I_{S1} + I_{S2}$　　$R_0 = \dfrac{R_{01}R_{02}}{R_{01} + R_{02}}$

对于图 2-39b，设 $I_{S1} > I_{S2}$　$I_S = I_{S1} - I_{S2}$（I_S 方向与 I_{S1} 相同）　$R_0 = \dfrac{R_{01}R_{02}}{R_{01} + R_{02}}$

3）凡与理想电压源并联的电路元件，对外等效时可省略，如图 2-40 所示；凡与理想电流源串联的电路元件，对外等效时可省略，如图 2-41 所示。

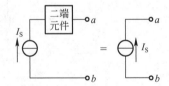

图 2-40　与理想电压源并联的等效变换　　　图 2-41　与理想电流源串联的等效变换

4）遇电源串联宜先变换成电压源；遇电源并联宜先变换成电流源。

注意：两理想电压源并联，其电压值要相等，才有意义，若不等，则无意义；同样，两理想电流源串联，其电流值要相等，才有意义，否则也无意义。

【例 2-2】求图 2-42 所示电路的等效电流源。

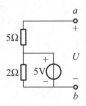

图 2-42　例 2-2 图

解：图 2-42 所示的电路可变换为如图 2-43 所示电路。

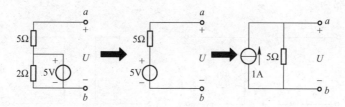

图 2-43 例 2-2 变换后电路

【例 2-3】求图 2-44 所示电路的等效电压源。

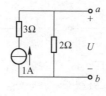

图 2-44 例 2-3 图

解：图 2-44 所示的电路可变换为如图 2-45 所示电路。

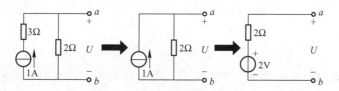

图 2-45 例 2-3 变换后电路

2.2.6 受控源

前面介绍的电压源和电流源的电压和电流是由非电能量提供的，其大小、方向和电路中的电压、电流无关，也称为独立电压源和独立电流源。它们的独立是相对于某些受控电源而言的。本节将要介绍的受控源，电压或电流不像独立电源那样由自身决定，而是受电路中某部分的电压（或电流）控制的。

受控源也称非独立源，实际上是某些晶体管、场效应晶体管等电压或电流控件的电路模型。受控源既可以受电压控制，也可以受电流控制，因此一般可以分为 4 种类型，分别是电压控制的电压源（VCVS）、电压控制的电流源（VCCS）、电流控制的电压源（CCVS）和电流控制的电流源（CCCS）。它们的图形符号如图 2-46 所示。为了与独立源相区别，一般用菱形符号表示受控源。图中，u_1 和 i_1 分别表示控制电压和控制电流，μ、β、γ 和 g 分别是相关的控制系数。

受控源和独立电源的特性不同，在电路中所起到的作用也不相同。独立电源是电路的激励源，为电路提供能量，从而在电路中产生一系列的响应。受控源则描述电路中控制与被控制的电流、电压之间的约束关系，受控源也可以向负载提供电压和电流，但是只有独立源产生控制作用后，受控源才能表现出电源性质。受控源是不能独立存在的，其大小、方向由控制量决定。如果电路中除了受控源外没有其他独立电源，则此受控源和整个电路的电压和电流全部为零。

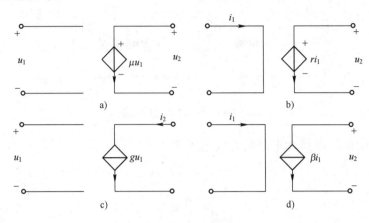

图 2-46　受控源符号

a) VCVS　b) CCVS　c) VCCS　d) CCCS

任务 2.3　电路焊接

❖ 布置任务

你知道电路是怎么焊接的吗？焊接工艺是怎么样的呢？让我们一起来学习吧！

在电子产品的制作过程中，元器件的安装与焊接非常重要。安装与焊接质量直接影响到电子产品的性能（如准确度、灵敏度、稳定性、可靠性等），有时因为虚焊、焊点脱落等原因造成电子产品无法正常工作。大批量工业生产中一般采用自动安装与焊接，实验、试制以及小批量生产时往往采用手工安装与焊接。手工安装与焊接技术是电子工作者和电子爱好者必须掌握的基本技术，需要多多练习、熟练掌握。下面简单介绍手工安装与焊接技术。

2.3.1　手工安装

在焊接电路之前，首先要将元器件安装在电路板上，直插式元器件在安装时有立式和卧式两种类型，安装元器件示意图如图 2-47 所示，同时需要注意以下几点。

1）安装元器件时应注意与印制电路板上的印刷符号一一对应，不能错位。

2）在没有特别指明的情况下，元器件必须从电路板正面装入（有丝印的元件面），在电路板的另一面将元器件焊接在焊盘上。

3）有极性的元器件要注意安装方向。

4）电阻立式安装时，将电阻本体紧靠电路板，引线上弯半径≤1mm，引线不要过高，表示第 1 位有效数字的色环朝上。卧式安装时，电阻离开电路板 1mm 左右，引线折弯时不要折直角弯。

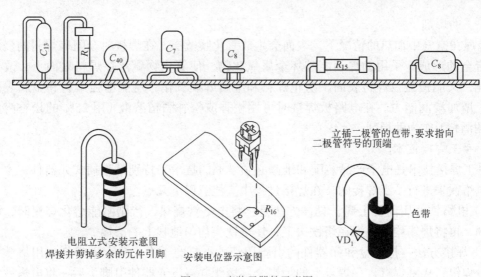

电阻立式安装示意图
焊接并剪掉多余的元件引脚

安装电位器示意图

立插二极管的色带，要求指向
二极管符号的顶端

色带

VD₁

图 2-47 安装元器件示意图

2.3.2 手工焊接

1. 手工焊接工具

（1）电烙铁

电烙铁是焊接的基本工具，主要由烙铁头、烙铁心和手柄组成。电烙铁分外热式和内热式两种，按功率分有 20W、25W、30W、45W、75W、100W、200W 等，烙铁头也有各种形状。电烙铁的握法有握笔式和拳握式，见图 2-48。握笔式一般使用小功率直头电烙铁，适合焊接电路板和中、小焊点；拳握式一般使用大功率弯头电烙铁，适合焊接电路板和大焊点。

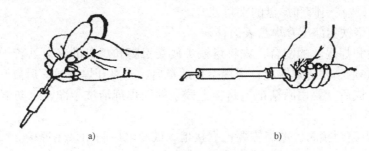

a)   b)

图 2-48 电烙铁的握法

a）握笔式 b）拳握式

（2）焊料

焊料是用来熔合两种或两种以上的金属面，使之成为一整体。常用的焊料是锡铅合金焊料（也称为焊锡）。不同型号的锡铅合金焊料的锡铅按不同比例配比组成合金焊料后，其熔点和物理性能也都不同。目前在电路板上焊接元器件时一般选用低熔点空心焊锡丝，空心内装有助焊作用的松香粉，熔点为 140℃，外径有 ϕ2.5mm、ϕ2mm、ϕ1mm、ϕ1.5mm 等。

（3）助焊剂

金属在空气中加热的情况下，表面会生成氧化膜薄层。在焊接时会阻碍焊料的浸润和接点合金的形成。采用助焊剂能破坏金属氧化物，使氧化物飘浮在焊料表面上，改善焊接性能，又能覆盖在焊料表面，防止焊料和金属继续氧化，还能增强焊料和金属表面的活性，增加浸润能力。在电路板焊接时可用松香或松香酒精溶液（用25%的松香溶解在75%的酒精）作为助焊剂。

2. 手工焊接技术

手工焊接技术是电子产品装配和维修必须掌握的技术，特别是直插式元器件，主要是通过电烙铁来进行手工焊接的。在焊接过程中应注意以下几点。

1）电烙铁使用前要上锡，具体方法是：将电烙铁烧热，待刚刚能熔化焊锡时，涂上助焊剂，再将焊锡均匀地涂在烙铁头上，使烙铁头均匀地吃上一层锡。

2）焊接方法：把焊盘和元器件的引脚用细砂纸打磨干净，涂上助焊剂。用烙铁头蘸取适量焊锡，接触焊点，待焊点上的焊锡全部熔化并浸没元器件引脚头后，将电烙铁头沿着元器件的引脚轻轻往上一提离开焊点。

3）对于较新的印制电路板和元器件，因焊盘和引线上无氧化层，一般不采用上述方法。可直接用焊锡丝焊接。

4）焊接时间不宜过长（3s以下），否则容易烫坏元器件和焊盘，必要时可用镊子夹住引脚帮助散热。在不得已情况下需长时间焊接时，要间歇加热，待冷却后，再反复加热，以免焊盘脱落。

5）焊锡要均匀地焊在引脚的周围，覆盖整个焊盘，表面应光亮圆滑，无锡刺，锡量适中并稍稍隆起，能够确认引脚已在其中即可。对于双面板，焊锡应透过电路板并覆盖背面整个焊盘。

6）为使电烙铁能在短时间内对元器件引脚和焊盘完成加热，要求烙铁尖部的接触面积尽可能大些（放在引脚和焊盘的夹角处）。

7）不能把烙铁尖部压着焊盘表面移动。

8）烙铁尖和焊锡丝的配合：先将烙铁尖放在引脚和焊盘的夹角处若干时间，对引脚和焊盘完成加热后，跟进焊锡丝；焊锡熔化适量后，先离开焊锡丝，后离开烙铁尖。

9）焊接完成后，要用酒精把电路板上残余的助焊剂清洗干净，以防炭化后的助焊剂影响电路正常工作。

10）集成电路焊接时，电烙铁要可靠接地，或断电后利用余热焊接。或者使用集成电路专用插座，焊好插座后再把集成电路插上去。

11）电烙铁应放在烙铁架上，注意避免电烙铁烫伤人、导线或其他物品，长时间不焊接时应断电。

12）焊接时注意防护眼睛，不要将焊锡放入口中（焊锡中含铅和有害物质），手工焊接后须洗干净双手，焊接现场保持通风。

正确的焊接方法与不良的焊接方法对照见表2-4。

表2-4　焊接方法对照

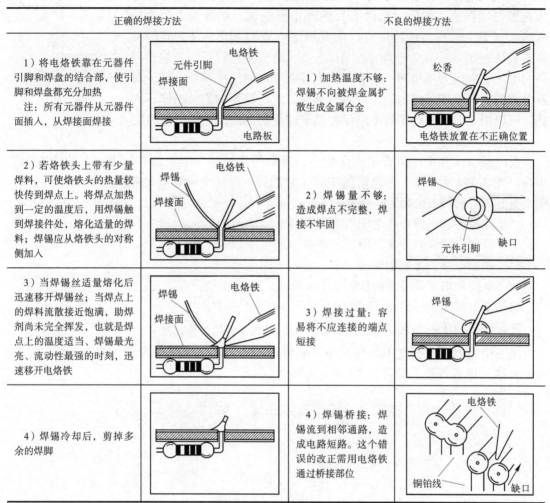

正确的焊接方法	不良的焊接方法
1）将电烙铁靠在元器件引脚和焊盘的结合部，使引脚和焊盘都充分加热 注：所有元器件从元器件面插入，从焊接面焊接	1）加热温度不够：焊锡不向被焊金属扩散生成金属合金
2）若烙铁头上带有少量焊料，可使烙铁头的热量较快传到焊点上。将焊点加热到一定的温度后，用焊锡触到焊接件处，熔化适量的焊料；焊锡应从烙铁头的对称侧加入	2）焊锡量不够：造成焊点不完整，焊接不牢固
3）当焊锡丝适量熔化后迅速移开焊锡丝；当焊点上的焊料流散接近饱满，助焊剂尚未完全挥发，也就是焊点上的温度适当、焊锡最光亮、流动性最强的时刻，迅速移开电烙铁	3）焊接过量：容易将不应连接的端点短接
4）焊锡冷却后，剪掉多余的焊脚	4）焊锡桥接：焊锡流到相邻通路，造成电路短路。这个错误的改正需用电烙铁通过桥接部位

任务2.4　直流电路分析

❖ 布置任务

你知道直流电路，特别是复杂直流电路应如何分析吗？让我们一起来学习吧！

2.4.1　电阻的串联、并联和混联

1. 等效电路的基本概念

在电路分析中，总有许多个电阻连接在一起使用。连接的方式多种多样，最常见的是串联、并联和串并联组合。这些组合有时候比较复杂，分析起来比较困难，可以用等效变换的方法予以简化。

电路的等效一般都是针对二端网络而言的。只有两个端钮与其他电路相连接的网络，

称为二端网络，如图 2-49 所示。如果二端网络 N 内部含有电源，称为有源二端网络；如果二端网络 N 内部不含电源，则称为无源二端网络。一个二端网络的特性可以由其端口电压 U 和电流 I 之间的关系来表征。如果一个二端网络的端口电压、电流关系与另一个端口网络的电压、电流关系相同，则称其互为等效二端网络或等效电路。等

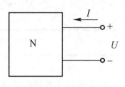

图 2-49 二端网络

效电路的内部结构虽然不同，但对外部而言，电路影响完全相同，因此，可以用一个简单的等效电路代替原来较复杂的网络，将电路简化。

2. 电阻串联

在电路中，几个电阻首尾依次相接，各电阻流过同一电流的连接方式，称为电阻的串联。图 2-50a 所示是 3 个电阻的串联，它的特点是 3 个电阻首尾相接，中间没有分支。图 2-50b 是它的等效电阻。

（1）电阻串联电路中各电阻的电流关系

由于串联电路没有分支，因此，串联电路电流处处相等。

（2）串联电路的等效电阻

设各电压和电流参考方向如图 2-50a 所示。

根据基尔霍夫电压定律（KVL）可得 $U = U_1 + U_2 + U_3$

代入电阻的伏安关系，得：$U = IR_1 + IR_2 + IR_3 = I(R_1 + R_2 + R_3)$

用一个电阻 R 代替电阻串联网络，同样设电压与电流为关联方向，如图 2-50b 所示，则 $U = IR$，两者等效，则有：$R = R_1 + R_2 + R_3$。

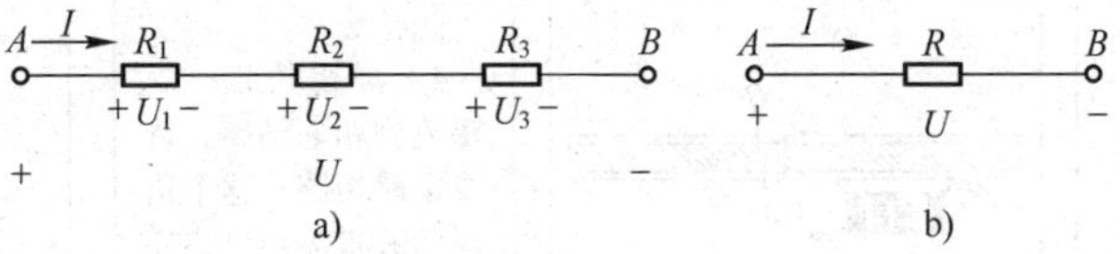

图 2-50 电阻的串联

a）3 个电阻串联 b）等效电阻

通过以上分析，可得出结论：电阻串联电路的等效电阻等于各串联电阻之和。

（3）电阻串联电路中各电阻的电压关系

因为：
$$U_1 : U_2 : U_3 : U = IR_1 : IR_2 : IR_3 : IR = R_1 : R_2 : R_3 : R$$

可得出结论：在电阻串联时，当外加电压一定时，各电阻上的电压与其电阻值成正比。

因为：

$$\frac{U_1}{U} = \frac{R_1}{R}$$

得：
$$U_1 = \frac{U}{R} R_1 = \frac{U}{R_1 + R_2 + R_3} R_1 \qquad （2\text{-}25）$$

同理，有：

$$U_2 = \frac{U}{R}R_2, \quad U_3 = \frac{U}{R}R_3 \tag{2-26}$$

上列关系式称为分压公式。

（4）电阻串联电路中各电阻的功率关系

因为：

$$P_1 : P_2 : P_3 : P = I^2R_1 : I^2R_2 : I^2R_3 : I^2R = R_1 : R_2 : R_3 : R \tag{2-27}$$

可得出结论：在电阻串联时，各电阻所消耗功率与其电阻值成正比。

（5）电阻串联的应用

1）简化电路。分析电路时，几个电阻串联的网络可以用一个等效电阻代替。

2）增大电阻。若一个电阻阻值太小（或电阻上电流太大）可串联一个适当的电阻，增大阻值（或减小电流）。

3）限流。若一个支路电阻是可变的，为防止电阻值变化时引起短路，可串一个适当电阻起限流作用，如图 2-51a 所示，R_W 为可变电阻，R 为限流电阻。

4）取样。要取出某个电阻上的一部分电压，可把电阻分成适当比例的两个电阻，取出所需电压。若要求输出电压可变，可用可变电阻 R_W 代替。如图 2-51b、c 所示。

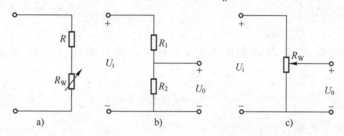

图 2-51　电阻的限流和取样作用

5）电压表量程的扩大。可以通过将电压表与电阻串联的方式来实现。

3. 电压表量程扩展

电阻的串联可以实现扩展电压表的量程，【例 2-4】就是一个典型的应用。万用表中测量电压的量程档位也是通过串联不同的电阻来实现的。

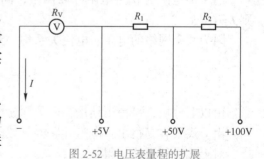

图 2-52　电压表量程的扩展

【例 2-4】如图 2-52 所示，欲将量程为 5V、内阻为 10kW 的电压表改装成为量程分别为 5V、50V、100V 的多量程电压表，求所需串联电阻的阻值。

解：设为了达到 50V 量程需串联电阻 R_1，达到 100V 量程需再串联电阻 R_2。

表头允许通过的电流为：

$$I = \frac{U_V}{R_V} = \frac{5}{10 \times 10^3} \text{A} = 0.5\text{mA}$$

对于 50V 的量程来说，分压电阻为 R_1，则：

$$R_1 = \frac{50-5}{0.5 \times 10^{-3}}\Omega = 90\text{k}\Omega$$

对于 100V 的量程来说，分压电阻为 $(R_1 + R_2)$，则：

$$R_2 = \frac{100-50}{0.5 \times 10^{-3}}\Omega = 100\text{k}\Omega$$

4. 电阻并联

在电路中，若干个电阻的首尾端分别相连，各电阻处于同一电压下的连接方式，称为电阻的并联。下面以两个电阻并联电路为例来讨论。如图 2-53a 所示，为两电阻并联的电路。

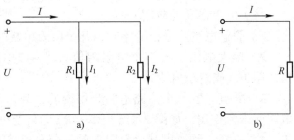

图 2-53　电阻的并联

（1）电阻并联电路中各电阻的电压关系

根据电阻并联的概念可知，并联电路中各电阻两端的电压相等。

（2）电阻并联的等效电阻

设电压和各电流参考方向如图 2-53a（关联方向）所示，根据基尔霍夫电流定律（KCL），得：

$$I = I_1 + I_2$$

代入电阻的伏安关系，得：

$$I = \frac{U}{R_1} + \frac{U}{R_2} = U\left(\frac{1}{R_1} + \frac{1}{R_2}\right) \tag{2-28}$$

用一个电阻 R 代替电阻并联网络，同样设电压、电流为关联方向，如图 2-53b 所示，则 $I = U/R$。

因为两个网络的电压、电流关系均一致，所以两个网络相互等效，则有：

$$\frac{1}{R} = \frac{1}{R_1} + \frac{1}{R_2} \tag{2-29}$$

由以上分析，可得出结论：电阻并联电路的等效电阻的倒数等于各电阻倒数之和。
由上式很容易得出：电阻并联的等效电阻比任何一个分电阻都小。
对上式进行变换，得：

$$R = \frac{R_1 R_2}{R_1 + R_2} \tag{2-30}$$

在电阻的并联电路中有几种特殊的情况：
- 若 $R_1 = 0$（短路），则等效电阻 $R = 0$（短路）。
- 若 $R_1 = \infty$（开路），则等效电阻 $R = R_2$。

- 若 $R_1 = R_2$，则等效电阻 $R = \dfrac{R_1}{2} = \dfrac{R_2}{2}$。

- 若 n 个相同的电阻 R_1 并联，则等效电阻 $R = \dfrac{R_1}{n}$。

（3）并联电路中各电阻的电流关系

因为：

$$I_1 : I_2 : I = \frac{U}{R_1} : \frac{U}{R_2} : \frac{U}{R} = \frac{1}{R_1} : \frac{1}{R_2} : \frac{1}{R}$$

可得出结论：各电阻上电流之比与各电阻倒数成正比。在并联电路只有两个电阻的情况下也可说成是两电阻电流之比与电阻成反比。

因为：

$$\frac{I_1}{I} = \frac{R}{R_1}$$

所以有：

$$I_1 = \frac{IR}{R_1} = \frac{I}{R_1 + R_2} R_2 \qquad (2\text{-}31)$$

同理，有：

$$I_2 = \frac{IR}{R_1} = \frac{I}{R_1 + R_2} R_1 \qquad (2\text{-}32)$$

通常把上述两式称为并联电路的分流公式。分流公式表明，在并联电路中，阻值越大的电阻分配到的电流越小，阻值越小的电阻分配到的电流越大，这就是并联电阻电路的分流原理。分流公式是最常用又容易弄错的公式之一，希望认真分清并记住。

（4）并联电路中各电阻功率关系

因为：

$$P_1 : P_2 : P = \frac{U^2}{R_1} : \frac{U^2}{R_2} : \frac{U^2}{R} = \frac{1}{R_1} : \frac{1}{R_2} : \frac{1}{R} \qquad (2\text{-}33)$$

可得出结论：各电阻功率关系同样与电阻倒数成正比。如果只有两个电阻的情况，也可说成是功率与电阻成反比，即：

$$\frac{P_1}{P_2} = \frac{R_2}{R_1}$$

（5）并联网络的应用

1）分析电路时，几个电阻并联网络，可以用一个等效电阻代替。

2）电阻并联的等效电阻小于分电阻。在需要减少原电阻为某一数值时，只要在其两端并联一适当的电阻即可。如图 2-54a 中虚线所示。

3）分流。利用并联电阻可分得原电路电流一部分，如图 2-54b 中，R_2 上电流 I_2 是 I 的一部分。

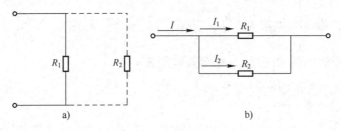

图 2-54　电阻并联的应用

4）扩展电流表的量程。可以通过将电流表与电阻并联的方式来实现。

5）并联供电。工业用电和家庭用电的用电器是按供电电压设计的，同时使用多个用电器时，要做到每个用电器的电压一样，只能采用并联供电的方式。并联供电的另一优点是：各用电器可单独控制，互不影响。

同是电阻负载的用电器并联工作时，功率大的为重负载，其电阻小，而功率小的为轻负载，其电阻大。

如果电阻并联网络是由 3 个或 3 个以上电阻组成，则其等效电阻表达式为：

$$\frac{1}{R} = \frac{1}{R_1} + \frac{1}{R_2} + \frac{1}{R_3} + \cdots$$

5. 电流表量程扩展

电阻的并联可以实现扩展电流表的量程，【例 2-4】就是一个典型的应用，万用表中测量电流的量程档位也是通过并联不同的电阻来实现的。

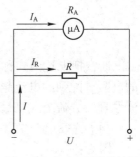

【例 2-5】如图 2-55 所示，欲将内阻为 2kΩ，满偏电流为 50μA 的表头，改装成为量程为 10mA 的直流电流表，应并联多大的分流电阻？

解：依题意：

图 2-55　电流表量程的扩展

$$I_A = 50\mu A,\quad R_A = 2k\Omega,\quad I = 10mA$$

则通过分流电阻 R 的电流为：

$$I_R = I - I_A = (10 \times 10^{-3} - 50 \times 10^{-6})A = 9.95 \times 10^{-3}A$$

由分流公式可得：

$$\frac{I_A}{I_R} = \frac{R}{R_A}$$

所以：

$$R = \frac{I_A}{I_R} R_A = \frac{50 \times 10^{-6}A}{9.95 \times 10^{-3}A} \times 2000\Omega \approx 10.05\Omega$$

6. 电阻混联

当电路中既含有电阻串联结构，又含有电阻并联结构时，称为电阻的混联。电阻的混联网络比较复杂，分析起来比较困难，可以采用等效变换的原则予以简化，以便分析。二端电阻混联网络简化的基本思路是：利用电阻串联、并联等效电阻原理，逐步进行化简，直到最简形式——单个电阻为止。具体做法是：

1）看电路的结构特点，正确判断电阻的连接关系。若几个电阻是首尾相连，流过的是同一个电流，则为串联结构；若几个电阻是首尾各自相连，各电阻承受的是同一电压，则为并联结构。

2）将所有无电阻的导线连接点用节点表示。

3）对电路连接变形，即在不改变电路连接关系的前提下，可以根据需要对电路作扭动变形、改画电路，以便更清楚地表示出各电阻的串、并联关系。如左边的支路可以扭动到右边，上面的支路可以翻到下面，弯曲的支路可以拉直，对电路中的短路线可以任意压缩与拉伸，对多点接地的点可以用短路线相连，通过这些做法，一般情况下，都可以判别出电路的串并联关系。

混联电阻网络的化简（一）如图 2-56 所示，图 2-56a 为原图，图 2-56b、c 为逐步简化的中间步骤，图 2-56d 为最终结果。

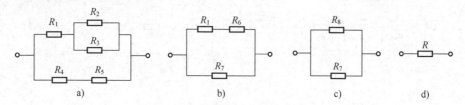

图 2-56　混联电阻网络的化简（一）

图中，$R_6 = \dfrac{R_2 R_3}{R_2 + R_3}$，$R_7 = R_4 + R_5$，$R_8 = R_1 + R_6$，$R = \dfrac{R_7 R_8}{R_7 + R_8}$

简化混联电路的难点在于，如何判定哪些电阻是串联的，哪些电阻是并联的。不易判断串并联关系的混联电路如图 2-57 所示，初学者往往难以判定。

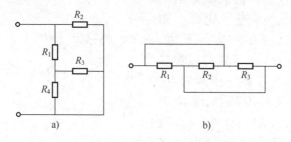

图 2-57　不易判断串并联关系的混联电路

这里介绍一种易学的判定方法：第一步把两个端点整理在两边（上与下，或左与右），第二步把电阻改画为同方向排列，假设有电流从一端流入，并让流过各电阻的电流为同一方向（都是从上到下，或都是从左到右）。这种方法简单叙述为"端点分两边，电流顺向流"。

图 2-57a 所示电路的改画步骤如图 2-58 所示。

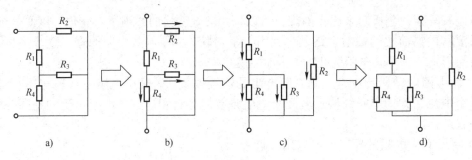

图 2-58 混联电阻网络的化简（二）

其中，图 2-58 所示为混联电阻网络的化简（二），图 2-58a 为原图，图 2-58b 中把端点改为上与下。这时各电阻电流方向（图中箭头所示）不是同一方向，改画为图 2-58c 形式，电流同一方向了，则很容易得到最后形式图 2-58d 了。图 2-57b 所示电路的改画步骤如图 2-59 所示。

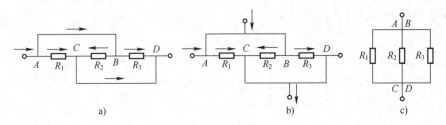

图 2-59 混联电阻网络的化简（三）

其中，图 2-59 所示为混联电阻网络的化简（三），图 2-59a 为原图，端点虽然已在两边，但各电阻电流方向不是同一方向，这时可先把端点改在上、下两端，如图 2-59b 所示，然后再把电阻的同是电流流入端的 A 和 B 往上提，同是电流流出端的 C 和 D 往下拉，就成为图 2-59c 的简单明了的形式。

有时遇到情况比较复杂的混联电阻网络，也可采用等效点法来进行化简。如图 2-60a 所示，端点已经在上边与下边，化简 R_2 时，由于同一条上的导线可以看成是同一个等效点，即 D 与 B 是相同的点，则 AD 之间的 R_2 可认为是连接在 AB 两个点位之间，因此可认为 R_2 与 R_1 并联。同理，可认为 A 与 C 是相同的点，则 CB 之间的 R_3、CD 之间的 R_4 都可认为是 R_1 并联，因此化简为如图 2-60b 所示。

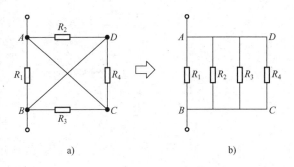

图 2-60 混联电阻网络的化简（四）

2.4.2 基尔霍夫定律

在中学物理中，我们对电路的分析与计算是立足于欧姆定律和串、并联电路的特点及其计算公式，但在实际问题中，有些电路仅靠上述知识来分析计算是不行的。如图 2-61

所示电路，R_1、R_2、R_3 之间的关系既不是串联，也不是并联，想利用串、并联的性质来化简电路是无法实现的，要解决此类问题，就必须学习新的方法。基尔霍夫定律是解决此类问题常用的基础知识之一。基尔霍夫定律包含基尔霍夫电流定律和基尔霍夫电压定律。

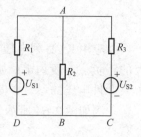

图 2-61 电路的基本元素

在掌握基尔霍夫定律之前，先来了解几个相关概念。

1. 几个相关概念

1）支路：由一个或几个元器件依次相接构成的无分支电路。同一支路电流处处相等。

2）节点：3 条或 3 条以上支路的公共点。

3）回路：电路中任一闭合路径叫作回路。

4）网孔：内部不含有其他支路的回路。

2. 基尔霍夫电流定律（KCL）

基尔霍夫电流定律简称为 KCL，表述为：对电路任意节点而言，在任意时刻，流入该节点的电流之和恒等于流出该节点的电流之和。即：

$$\sum I_\lambda = \sum I_出 \qquad (2\text{-}34)$$

若流出节点的电流规定为正，流入节点的电流规定为负。则基尔霍夫电流定律也可表述为：对任意电路，在任意时刻，流过任意一个节点的电流的代数和为零。即：

$$\sum I_K = 0 \qquad (2\text{-}35)$$

例如图 2-62 所示基尔霍夫电流定律中，有：

$$I_1 + I_3 + I_4 = I_2 + I_5$$

推广：KCL 不仅适用于电路中的任一节点，而且适用于电路中的任一假想的封闭面，即流入某封闭面的电流之和恒等于流出该封闭面的电流之和。

图 2-63 所示的晶体管，对于虚线构成的封闭面，有：

$$I_b + I_c = I_e$$

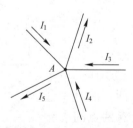 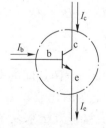

图 2-62 基尔霍夫电流定律　　　图 2-63 晶体管的电流关系

3. 基尔霍夫电压定律（KVL）

基尔霍夫电压定律简称 KVL，又称为回路电压定律，表述为：在任何时刻，沿任一回路，各段电压的代数和恒等于零。即：

$$\sum U_{\mathrm{K}} = 0 \qquad\qquad (2\text{-}36)$$

应用 KVL 列电压方程时，需要任意指定一个回路的绕行方向，以此来判断各段电压的正负。一般约定：如果元件电压的参考方向与选取的回路绕行方向一致取 "+" 号，如果元件电压的参考方向与选取的回路绕行方向不一致取 "−" 号。

例如图 2-64 所示基尔霍夫电压定律示例（一）中，回路 I：

$$I_1 R_1 + I_2 R_2 - U_{\mathrm{S1}} = 0$$

回路 II：

$$I_3 R_3 + I_2 R_2 - U_{\mathrm{S2}} = 0$$

回路 ABCDA：

$$I_1 R_1 - I_3 R_3 + U_{\mathrm{S2}} - U_{\mathrm{S1}} = 0$$

例如图 2-65 所示基尔霍夫电压定律示例（二）中，回路中有

$$I_1 R_1 - I_2 R_2 + U_{\mathrm{S1}} + I_3 R_3 - U_{\mathrm{S2}} = 0$$

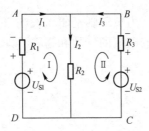
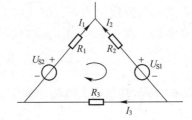

图 2-64　基尔霍夫电压定律示例（一）　　　　图 2-65　基尔霍夫电压定律示例（二）

推广：KVL 不仅适用于闭合回路，而且还可以推广到任意未闭合回路，但列 KVL 方程时，必须把开口处的电压也列入方程。

例如图 2-66 所示基尔霍夫电压定律示例（三）中，由 KVL 有：

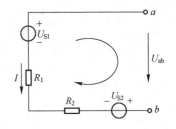

$$U_{\mathrm{ab}} + U_{\mathrm{S2}} - I R_2 - I R_1 - U_{\mathrm{S1}} = 0$$

$$U_{\mathrm{ab}} = U_{\mathrm{S1}} + I(R_1 + R_2) - U_{\mathrm{S2}}$$

由此可见：电路中任意两点间的电压等于两点间任一条路径经过的各元件电压的代数和（电路中任意两点的电压与绕行路径无关）。这种方法求复杂电路中任意两点间的电压是很方便的。

图 2-66　基尔霍夫电压定律示例（三）

2.4.3　支路电流法

在图 2-61 所示的电路中，若利用欧姆定律和串、并联电路的特点及其计算公式是无法求解该电路的，如何来求解该电路呢？可利用基尔霍夫定

支路电路法

律求解此类复杂电路，利用基尔霍夫定律求解电路的方法叫作支路电流法。

支路电流法求解电路的一般步骤：

1）假设各支路电流及其参考方向，并在电路图上标示出来。

注意：一条支路只有一个电流。

2）根据 KCL 列出节点电流方程。

注意：对于 n 个节点，只能列写 $(n-1)$ 个独立节点方程式。

例如列出图 2-67 所示 A、B 节点的 KCL 方程：

节点 A：$I_1 + I_2 = I_3$

节点 B：$I_3 = I_1 + I_2$

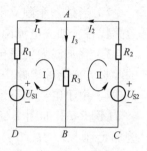

上述两个方程实际是一样的，对列方程组来说，只需保留一个方程即可。

3）选取独立回路，指定其回路绕行方向，根据 KVL 列写独立电压方程式。

注意：列写电压方程同样可能出现重复方程，为保证列出来的方程具有独立性，每写一个方程都应包含新的支路。一个电路有几个网孔，就有几个独立的电压方程。

图 2-67　基尔霍夫电压定律示例（四）

4）联立方程，代入已知量，解方程组，求出各支路电流，并确定各支路电流（电压）的实际方向。如需要，再进一步求其他物理量。

【例 2-6】如图 2-67 所示电路，已知 $U_{S1} = 18V$，$U_{S2} = 9V$，$R_1 = R_2 = 1\Omega$，$R_3 = 4\Omega$，求各支路电流。

解：假设各支路电流如图 2-67 所示。

根据 KCL 列电流方程：

节点 A：$I_1 + I_2 = I_3$　①

设备回路绕行方向如图 2-67 所示，根据 KVL 列电压方程：

回路 1：$I_1 R_1 + I_3 R_3 = U_{S1}$　②

回路 2：$I_2 R_2 + I_3 R_3 = U_{S2}$　③

联立方程① ~ ③，并代入各已知量得：

$$\begin{cases} I_1 + I_2 - I_3 = 0 \\ I_1 + 4I_3 = 18 \\ I_2 + 4I_3 = 9 \end{cases}$$

解方程组得

$$\begin{cases} I_1 = 6A \\ I_2 = -3A \\ I_3 = 3A \end{cases}$$

负号电流方向表示实际电流方向与假设方向相反。

叠加定理

2.4.4　叠加定理

电路元器件有线性和非线性之分，线性元器件的参数是常数，由线性元器件组成的电路为线性电路。叠加定理是反映线性电路基本性质的重要原理。

1. 叠加定理的内容

一个线性电路如果有若干个电源共同作用时，各支路的电流（或电压）等于各个电源单独作用在该支路时产生的电流（或电压）的代数和（叠加），这就是叠加定理。

2. 叠加定理的应用

应用叠加定理时，必须注意以下几点：

1）叠加定理只能计算线性电路的电流和电压。

2）当某一个独立电源单独作用时，其他独立电源应为零值，独立电压源为零值时用短路代替，独立电流源为零值用开路代替。

3）叠加时要注意电压和电流的参考方向，并相应地决定它们的正、负号，若该分量的参量方向与原电路中该对应量的参考方向一致，则取正，否则取负。

4）由于电功率不是电压、电流的一次函数，所以叠加定理不能用来求功率。

【例 2-7】如图 2-68a 所示电路，已知 $R_1 = 6\Omega$，$U_S = 12\text{V}$，$R = 12\Omega$，$I_S = 10\text{A}$，应用叠加定理求 I_1、I、U_{ab}。

解：根据叠加定理作出电压源单独作用的电路图（见图 2-68b）和电流源单独作用的电路图（见图 2-68c）。

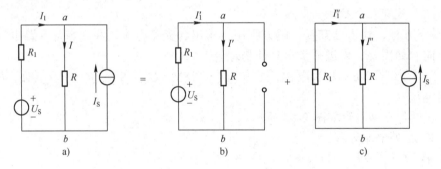

图 2-68 叠加定理应用

a）原图 b）电压源单独作用 c）电流源单独作用

由图 2-68b 可得：

$$I_1' = I' = U_S / (R_1 + R) = 12 / (6 + 12)\text{A} = 2 / 3\text{A}$$

$$U_{ab}' = I'R = (2 / 3) \times 12\text{V} = 8\text{V}$$

由图 2-68c 可得：

$$I_1'' = -I_S R / (R_1 + R) = -10 \times 12 / (6 + 12)\text{A} = 20 / 3\text{A}$$

$$I'' = I_S R_1 / (R_1 + R) = 10 \times 6 / (6 + 12)\text{A} = 10 / 3\text{A}$$

$$U_{ab}'' = I''R = 10 \times 12 / 3\text{V} = 40\text{V}$$

所以 $\qquad I_1 = I_1' + I_1'' = (2 / 3 - 20 / 3)\text{A} = -6\text{A}$

$$I = I' + I'' = (2 / 3 + 10 / 3)\text{A} = 4\text{A}$$

$$U_{ab} = U'_{ab} + U''_{ab} = (8 + 40)\mathrm{V} = 48\mathrm{V}$$

2.4.5 戴维南定理

戴维南定理

对电路的分析有时只需求出某一支路的电流，而无须将所有支路的电流求出，在这种情况下，应用戴维南定理来求解是很方便的。

1. 戴维南定理的定义

含独立源的线性二端电阻网络，对其外部而言，都可以用电压源和电阻串联组合等效代替；该电压源的电压等于该二端网络的开路电压，该电阻等于该二端网络内部所有独立源作用为零（即电压源短路，电流源开路）情况下的网络的等效电阻，这就是戴维南定理。用戴维南定理求得的等效串联模型称为戴维南等效电路，此过程可用图 2-69a 表示；电压源的电压等于该网络 N 开路时的电压 U_{OC}，如图 2-69b 所示，串联电阻 R_0 等于该网络内所有独立电源为零值时所得网络 N_0 的等效电阻，如图 2-69c 所示。

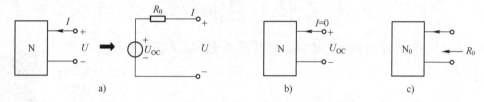

图 2-69 戴维南定理表示图

2. 戴维南定理的应用

应用戴维南定理进行解题的步骤及注意事项。

1）把待求支路从电路中移开，把剩下的二端网络作为研究对象。

2）求 U_{OC}。要注意开路电压的参考方向，同时应注意待求支路一经断开，即不存在分流问题。

3）求 R_0。注意所有的独立源必须为零，即电压源短路，电流源开路。

4）画出戴维南等效电路，并与待求支路相连，求解待求量。

【例 2-8】电路如图 2-70 所示，用戴维南定理求电流 I。

解：1）求开路电压 U_{OC}。将电流 I 的支路从电路中断开，得到单口网络如图 2-71a 所示。

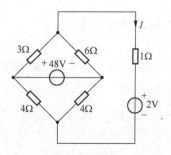

图 2-70 戴维南定理的应用

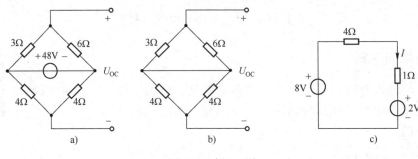

图 2-71　例 2-8 图

根据分压公式, 得:

$$U_{OC} = \left(\frac{6}{3+6} \times 48 - \frac{4}{4+4} \times 48\right)V = 8V$$

2) 求戴维南等效电阻 R_0。相应的电路如图 2-71b 所示。

$$R_0 = \left(\frac{3 \times 6}{3+6} + \frac{4 \times 4}{4+4}\right)\Omega = 4\Omega$$

3) 求电流 I。作戴维南等效电路, 将待求的支路接入, 如图 2-71c 所示。

$$I = \frac{8-2}{4+1}A = \frac{6}{5}A = 1.2A$$

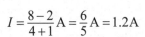

最大功率
传输定理

2.4.6　最大功率传输定理

在分析电路系统的功率传输时, 需要考虑两个方面的问题: 一是功率传输的效率, 如发电站系统, 如果发电站系统效率低, 则产生的功率有很大的比例损耗在传输和分配过程, 将造成电能的浪费; 二是考虑负载所获得的最大功率, 如测量、通信系统中, 由于是小功率传输, 传输的效率不是主要关心的问题, 但由于有用功率受到限制, 因此, 需要将尽可能多的功率传输到负载上。

本节考虑纯电阻电路系统的最大功率传输, 电路模型如图 2-72a 所示。

电阻 R_L 表示获得能量的负载, 网络 N 表示供给负载能量的含源线性单口网络, 它可用

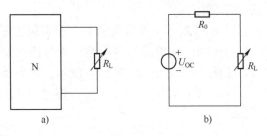

图 2-72　最大功率传输定理

戴维南等效电路来表示, 如图 2-72b 所示, 负载 R_L 吸收的功率为:

$$P = R_L I^2 = \frac{R_L U_{OC}^2}{(R_0 + R_L)^2} = \frac{R_L U_{OC}^2}{(R_0 - R_L)^2 + 4R_0 R_L} = \frac{U_{OC}^2}{\dfrac{(R_0 - R_L)^2}{R_L} + 4R_0}$$

由上式可见: 负载 R_L 吸收的功率 P 获得最大值的条件为: $R_L = R_0$

负载 R_L 获得的最大功率：

$$P_{max} = \frac{U_{OC}^2}{4R_0}$$

1. 最大功率传输定理

最大功率传输定理：含源线性电阻单口网络向可变电阻负载 R_L 传输最大功率的条件是，**负载电阻 R_L 与单口网络的输出电阻 R_0 相等。此时负载电阻 R_L 获得的最大功率为**：

$$P_{max} = \frac{U_{OC}^2}{4R_0} \tag{2-37}$$

负载获得最大功率也称为最大功率匹配，此时对电压源 U_{OC} 而言，功率传输效率为 50%。

2. 匹配状态

通常把负载电阻等于电源内阻时的电路工作状态称为匹配状态。应当注意的是，不要把最大功率传输定理理解为要使负载功率最大，应使实际电源的等效内阻 R_0 等于 R_L。必须指出：由于 R_0 为定值，要使负载获得最大功率，必须调节负载电阻 R_L（而不是调节 R_0）才能使电路处于匹配工作状态。

【**例 2-9**】电路如图 2-73a 所示，试求：

1）负载电阻 R_L 的阻值为多少时，可获得最大功率？

2）可获得的最大功率为多少？

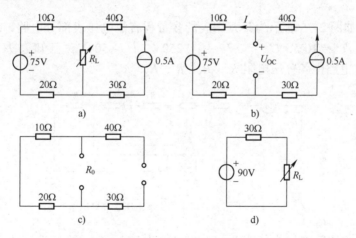

图 2-73　最大功率传输定理的应用

解：将负载电阻 R_L 从电路中移除，电路见图 2-73b。求剩余电路的戴维南等效电路。

1）求开路电压 U_{OC}。

$$U_{OC} = (10 \times 0.5 + 75 + 20 \times 0.5)\text{V} = 90\text{V}$$

2）求戴维南等效电阻 R_0 电路如图 2-73c 所示，有：

$$R_0 = (10 + 20)\Omega = 30\Omega$$

根据最大功率传输定理，当 $R_L = R_0 = 30\Omega$ 时，负载电阻 R_L 可获得最大功率，可获得的最大功率为：

$$P_{max} = \frac{U_{OC}^2}{4R_0} = \frac{90^2}{4 \times 30}\text{W} = 67.5\text{W}$$

2.4.7 指针式万用表电路分析与计算

万用表的基本原理是利用一只灵敏的磁电式直流电流表（微安表）作为表头，当微小电流通过表头，就会有电流指示。但表头不能通过大电流，所以，必须在表头上并联和串联一些电阻进行分流或降压，从而测出电路中的电流、电压和电阻。

1. 直流电压的测量

将表头串联一只分压电阻 R，即构成一个简单的直流电压表，如图 2-74 所示。

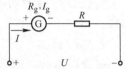

图 2-74 简单的直流电压表

测量时将电压表并联在被测电压 U_x 的两端，通过表头的电流与被测电压 U_x 成正比，即

$$I = \frac{U_x}{R + R_g}$$

在万用表中，用转换开关分别将不同数值的分压电阻与表头串联，即可得到几个不同的电压量程。

【例 2-10】如图 2-75 所示为某万用表的多量程直流电压表部分电路，5 个电压量程分别是 $U_1 = 2.5\text{V}$，$U_2 = 10\text{V}$，$U_3 = 50\text{V}$，$U_4 = 250\text{V}$，$U_5 = 500\text{V}$，已知表头参数 $R_g = 3\text{k}\Omega$，$I_g = 50\mu\text{A}$。试求电路中各分压电阻 R_1，R_2，R_3，R_4，R_5。

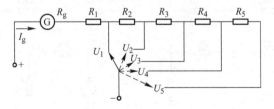

图 2-75 万用表的多量程直流电压表部分电路

解：利用电压表扩大量程公式 $R = (n-1)R_g$，其中 $n = U_n/U_g$，$U_g = R_g I_g = 0.15\text{V}$。

1）求 R_1。$n_1 = U_1/U_g = \dfrac{2.5\text{V}}{0.15\text{V}} \approx 16.67$，$R_1 = (n_1 - 1)R_g = (16.67 - 1) \times 3\text{k}\Omega \approx 47\text{k}\Omega$

2）求 R_2。把 $R_{g2} = R_g + R_1 = 50\text{k}\Omega$ 视为表头内阻，$n_2 = U_2/U_1 = 4$，则：

$$R_2 = (n_2 - 1)R_{g2} = 150\text{k}\Omega$$

3）求 R_3。把 $R_{g3} = R_g + R_1 + R_2 = 200\text{k}\Omega$ 视为表头内阻，$n_3 = U_3/U_2 = 5$，则：

$$R_3 = (n_3 - 1)R_{g3} = 800 \text{k}\Omega$$

4）求 R_4：把 $R_{g4} = R_g + R_1 + R_2 + R_3 = 1000 \text{k}\Omega$ 视为表头内阻，$n_4 = U_4 / U_3 = 5$，则：

$$R_4 = (n_4 - 1)R_{g4} = 4000 \text{k}\Omega = 4 \text{M}\Omega$$

5）求 R_5：把 $R_{g5} = R_g + R_1 + R_2 + R_3 + R_4 = 5 \text{M}\Omega$ 视为表头内阻，$n_5 = U_5 / U_4 = 2$，则：

$$R_5 = (n_5 - 1)R_{g5} = 5 \text{M}\Omega$$

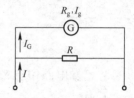

图2-76　简单的直流电流表

2. 直流电流的测量

将表头并联一只分流电阻 R，即构成一个最简单的直流电流表，如图2-76所示。设被测电流为 I_x，则通过表头的电流与被测电流 I_x 成正比，即：

$$I_G = \frac{R}{R_g + R} I_x \tag{2-38}$$

分流电阻 R 由电流表的量 I_L 和表头参数确定，为：

$$R = \frac{I_g}{I_L - I_g} R_g$$

实际万用表是利用转换开关将其制成多量程直流电流表的，如图2-77所示。

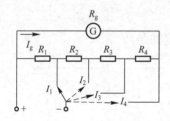

图2-77　万用表的多量程直流电流表电路

3. 电阻的测量

可变电阻 R 叫作调零电阻，当红、黑表笔相接时（相当于被测电阻 $R_x = 0$ 时），调节 R 的阻值使指针指到表头的满刻度，即

$$I_g = \frac{E}{R_g + r + R} \tag{2-39}$$

万用表电阻档的零点在表头的满度位置上。而电阻无穷大时（即红、黑表笔间开路），指针在表头的零度位置上。当红、黑表笔间接被测

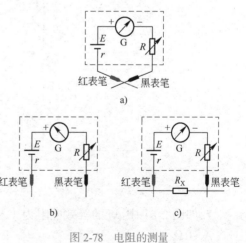

图2-78　电阻的测量

电阻 R_x 时，通过表头的电流为

$$I = \frac{E}{R_g + r + R + R_x} \qquad (2\text{-}40)$$

可见表头读数 I 与被测电阻 R_x 是一一对应的，并且成反比关系，因此欧姆表刻度不是线性的。

2.5 习题

一、选择题

1. 已知电路中有 a、b、c 三点，若 $U_{ab} = 3V$，$U_{bc} = -5V$，则 U_{ca} 为（　　　）。
   A. 8V   B. -8V   C. -2V   D. 2V

2. 图 2-79 中，每个电阻阻值都相等，则总电阻最小的是（　　　）图。

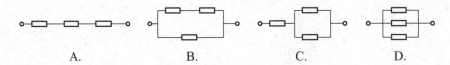

图 2-79 选择题第 2 题图

3. 串联电阻可扩大____表的量程。对于同一表头，串联电阻越大，量程就越____（　　　）。
   A. 电压表，大   B. 电压表，小   C. 电流表，大   D. 电流表，小

4. 电容有（　　　）作用。
   A. 隔直通交   B. 隔交通直   C. 通交通直   D. 隔交隔直

5. 电路中跟参考点选择有关的物理量是（　　　）。
   A. 电位   B. 电压   C. 电流   D. 电位差

6. 图 2-80 所示的受控源中，属于电压控制电流源的是（　　　）。

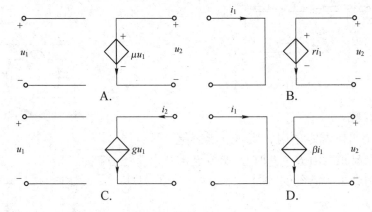

图 2-80 选择题第 6 题图

7. 如图 2-81 中 ab 的等效电阻为（　　　）。
   A. 10Ω   B. 5Ω   C. 20Ω   D. 15Ω

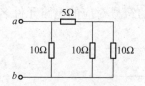

图 2-81　选择题第 7 题图

二、判断题

1. 直流电通常用字母"DC"来表示。　　　　　　　　　　　　　　　（　　）

2. U_{ab} 表示电压方向从 a 指向 b。　　　　　　　　　　　　　　（　　）

3. 电路计算时，通常选定电流、电压的参考方向为关联方向时比较方便。（　　）

4. 因为电压、电流方向是客观的，所以参考方向不可任意假设。　　　（　　）

5. 电路计算时，参考方向的假设，会影响结论的正确性。　　　　　　（　　）

6. 电动势的方向由电源的负极指向电源的正极。　　　　　　　　　　（　　）

7. 电动势和电源是一个概念，它们的单位也相同。　　　　　　　　　（　　）

8. 电位和电压的大小都跟参考点的选择有关。　　　　　　　　　　　（　　）

9. 电位和电压其实是同一个概念。　　　　　　　　　　　　　　　　（　　）

10. 在指针式万用表中红表笔与电池的负极相连。　　　　　　　　　　（　　）

11. 二极管是非线性电阻。　　　　　　　　　　　　　　　　　　　　（　　）

12. 当 $p > 0$ 时，说明电容是在吸收能量，处于充电状态；当 $p < 0$ 时，说明电容是在提供能量，处于放电状态。　　　　　　　　　　　　　　　　　　　　　　（　　）

13. 电容和电感都是储能元件，其中电感的单位是法拉。　　　　　　　（　　）

14. 理想的电压源内阻无穷大，理想的电流源内阻为零。　　　　　　　（　　）

15. 当负载增大时，电流源的输出电压增大，输出电流减小。　　　　　（　　）

16. 当负载增大时，电压源的输出电压增大，输出电流减小。　　　　　（　　）

17. 理想的电压源和电流源之间一般可以进行等效互换。　　　　　　　（　　）

18. 电流源并上电阻或者电压源时等价于电流源。　　　　　　　　　　（　　）

19. 应用 KVL 列电压方程时，若元件电压和电流的参考方向一致，则取"＋"号。

　　　　　　　　　　　　　　　　　　　　　　　　　　　　　　　（　　）

20. 用支路电流法求解时，对于 n 个节点，只能列写 $n-1$ 个独立节点方程式。（　　）

三、填空题

1. 电流所流过的路径称为_____。一般情况下，电路由 3 部分组成，分别是_____、_____和_____。

2. 如图 2-82 电路，有____个节点，____条支路，____个回路，____个网孔。

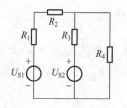

图 2-82　填空题第 2 题图

3. 请写出下列理想电路元件的符号对应的电路元件名称。

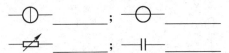

————；————

————；————

4. 电路的状态通常有通路、————和————。

5. 如图 2-83 所示，已知 $V_A = 17V$，$V_B = 5V$，$R = 6\Omega$，则 $U_{AB} =$ ____，$I =$ ____。

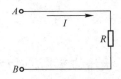

图 2-83 填空题第 5 题图

6. 如图 2-84 所示给定的电压、电流参考方向，则元件端电压 $U =$ ____，$I =$ ____。

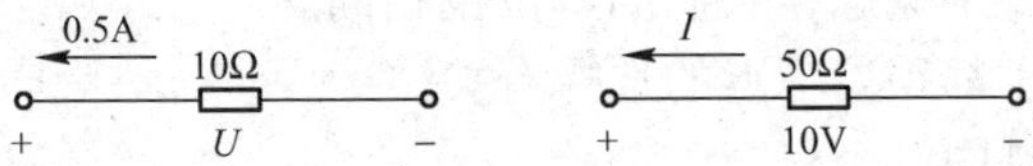

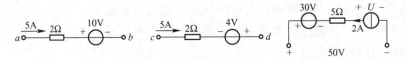

图 2-84 填空题第 6 题图

7. 电位实际就是电路中某点与————之间的电压。

8. 若要计算某一点的电位，可以从参考点出发，沿任一通路到待求点，遇到电压____记为"＋"，电压____记为"－"，求各元件电压____和，即为该点电位。

9. 如图 2-85 求 $U_{ab} =$ _____，$U_{cd} =$ _____，$U =$ _____。

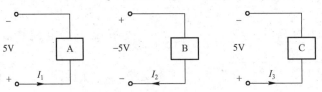

图 2-85 填空题第 9 题图

10. 在图 2-86 所示电路中，元件 A 吸收功率 30W，元件 B 吸收功率 15W，元件 C 产生功率 30W，则 3 个元件中的电流 $I_1 =$ ____，$I_2 =$ ____，$I_3 =$ ____。

图 2-86 填空题第 10 题图

11. 能反映出电路中电阻、电压、电流最基本的关系是————定律。

12. 色环电阻如图 2-87，则 $R_1 =$ ____、误差等级为____；$R_2 =$ ____、误差等级为____。

13. 如图 2-88，已知 $I_1 = 3A$，$I_2 = 4A$，$I_3 = 5A$，则 $I_4 =$ ____A。

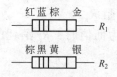

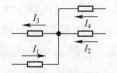

图 2-87 填空题第 12 题图　　　　图 2-88 填空题第 13 题图

四、综合题

1. 电路的作用主要有哪些？什么是理想元件？什么是电路模型？

2. 什么是参考方向？如何选择参考方向？什么是关联参考方向？

3. 电路如图 2-89 所示，求电路中的 I_2、I_3、R_3 和 R_{eq}（$R_1 // R_2 // R_3$）。

4. 如图 2-90 所示，以 D 点为参考点，已知 $V_A = 21V$，$V_B = 15V$，$V_C = 5V$，求 U_{AB}、U_{BD}。

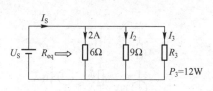

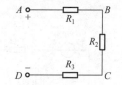

图 2-89 综合题第 3 题图　　　　图 2-90 综合题第 4 题图

5. 电路如图 2-91 所示，已知 $I_1 = 3I_2$，求电路中的电阻 R。

6. 用电源等效变换的方法求图 2-92 中的电流 I。

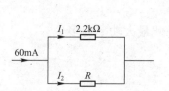

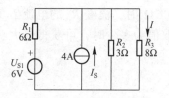

图 2-91 综合题第 5 题图　　　　图 2-92 综合题第 6 题图

7. 用电源变换的方法求如图 2-93 所示电路中的电流 I。

8. 如图 2-94 所示，已知 $U_{S1} = U_{S2} = 17V$，$R_1 = 2\Omega$，$R_2 = 1\Omega$，$R_3 = 5\Omega$，求：

1）用支路电流法求各支路电流。

2）用叠加定理发求各支路电流。

3）用电源互换法求通过 R_3 的电流。

4）用戴维南定理求通过 R_3 的电流。

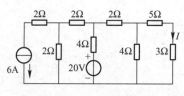

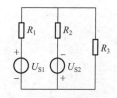

图 2-93 综合题第 7 题图　　　　图 2-94 综合题第 8 题图

9. 电路如图 2-95 所示，求电路 AB 间的等效电阻 R_{AB}。

10. 如图 2-96 所示，用戴维南定理求电阻 R_L 为何值时，R_L 消耗的功率最大（要求画出计算 U_{OC} 和 R_0 的图）？最大功率为多少？

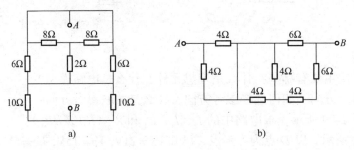

图 2-95　综合题第 9 题图

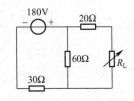

图 2-96　综合题第 10 题图

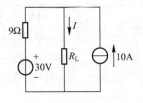

图 2-97　综合题第 11 题图

11. 如图 2-97 所示电路中，求：

1）当 $R_L = 6\Omega$ 时，流经 R_L 的电流 I。

2）当 R_L 取值为多少时，可获得最大功率？此最大功率为多少？

项目 3 室内电气线路的设计与安装

知识目标

- 掌握正弦交流电路的基本概念。
- 掌握正弦交流电路的三要素。
- 熟悉正弦交流电路的基本表示方法。
- 熟悉正弦稳态电路的分析方法。
- 熟悉荧光灯电路的结构与安装。
- 熟悉室内电气线路的安装要求。
- 掌握室内电气线路的故障检测方法。

能力目标

- 会正确表示正弦交流电路。
- 会正确分析正弦稳态电路。
- 会正确装接和检测荧光灯电路。
- 会安装常用照明灯具、开关及插座。
- 会正确处理室内电气线路的故障。

任务 3.1　认识正弦交流电路

❖ 布置任务

电路中交流电的应用极为广泛，要真正掌握电工技术，就必须学习交流电知识。那就让我们从交流电路的基本概念和表示法开始学起吧！

3.1.1　正弦交流电路

实际生产、生活中，有直流电和交流电，但使用交流电的场合更多，即便是电机车运输、电镀、电信等行业所需的直流电也可由交流电经过整流获得。这是由于交流电机（包括发电机和电动机）比直流电机结构简单，便于维护维修，成本低，工作可靠。此外，交流电可用变压器来改变交流电的大小，便于远距离输电和向用户提供各种等级的电压。交流电中以正弦交流电的使用最为广泛，这是因为其有以下特点。

1）易于生产、转换和传输。

2）同频率的正弦量的和、差、导数、积分等运算结果仍为频率不变的正弦量，便于测量和计算。

3）即便是非正弦交流电，利用有关数学方法，也可将它分解为直流分量和一系列不同频率的正弦分量，因此正弦交流电的分析方法是分析非正弦交流电的基础。

正弦交流电路的基本概念可表述为：大小和方向都随时间按正弦规律变化的电流、电压、电动势统称为正弦交流电，简称为正弦量，用 AC 表示。

正弦交流电由交流发电机产生。交流发电机的结构由两部分组成，一是固定不动的部分，称为定子；二是旋转部分，称为转子。如图 3-1 所示。

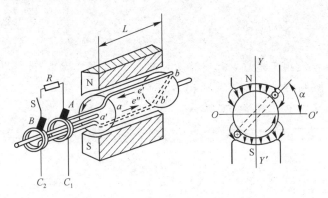

图 3-1　交流发电机结构

定子产生了按正弦规律分布的磁场，置于磁场中的转子转动时，转子线圈因切割磁场而产生感应电动势。由于磁场按正弦规律分布，也就产生了随时间按正弦规律变化的感应电动势，为：

$$e = E_m \sin(\omega t + \varphi_0) \qquad (3-1)$$

其波形图如图 3-2 所示。

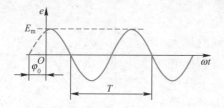

正弦交流电路
的三要素

图 3-2　正弦交流电动势波形图

3.1.2　正弦交流电路的三要素

式（3-1）中 E_m 为正弦电动势的最大值（也称为幅值或振幅），ω 为角频率，φ_0 为初相位（简称初相）。一旦最大值、角频率、初相确定，电动势 e 随时间变化的关系也就随之确定，所以把最大值、角频率、初相位称为正弦交流电的三要素。

1. 周期、频率、角频率

正弦交流电变化一次所用的时间称为周期，用字母 T 表示。国际单位制中，周期的基本单位为秒（s），其他常用单位还有毫秒（ms）、微秒（μs）、纳秒（ns）。

$$1s = 10^3 ms = 10^6 μs = 10^9 ns$$

正弦交流电每秒钟变化的次数称为频率，用字母 f 表示。国际单位制中，频率的基本单位是赫兹（Hz），其他常用单位有千赫（kHz）、兆赫（MHz）、吉赫（GHz）。

$$1Hz = 10^{-3} kHz = 10^{-6} MHz = 10^{-9} GHz$$

显然，周期和频率的关系是互为倒数，即：

$$f = \frac{1}{T} \text{ 或 } T = \frac{1}{f} \qquad (3-2)$$

我国和大多数国家都采用 50Hz 作为电力标准频率，称之为工频，少数国家采用的（如美国、日本、加拿大等）工频为 60Hz。

正弦量每秒钟变化的电角度数称为角频率，用符号 ω 表示。单位是弧度 / 秒（rad/s）。

由于正弦量一个周期内变化的电角度是 2π，所以角频率、周期、频率的关系是：

$$\omega = \frac{2\pi}{T} = 2\pi f \qquad (3-3)$$

周期、频率、角频率都是反映交流电变化快慢的物理量。

2. 瞬时值、最大值、有效值

正弦量在任意时刻的数值称为瞬时值。用小写字母表示，e、u、i 分别表示正弦电动势、正弦电压、正弦电流的瞬时值。如正弦交流电流数学表达式为：

$$i = I_{\mathrm{m}} \sin(\omega t + \varphi_0)$$ （3-4）

其波形图如图 3-3 所示。

从图 3-3 中可直观地看到，正弦交流电的瞬时值是随时间变化而变化的。

正弦交流电在整个变化过程中所能达到的最大的瞬时值称为最大值，也称为幅值。用注有脚标 m 的大写字母表示，如 E_{m}、U_{m}、I_{m} 分别表示正弦电动势、正弦电压、正弦电流的最大值。最大值不再是时间 t 的函数，而是可以确定下来的值。

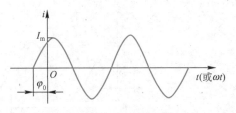

图 3-3　正弦交流电流波形图

正弦交流电的瞬时值是随时间变化的，不便用它来表示交流电的大小。为解决这个问题，引入有效值来表示交流电的大小。

正弦量的有效值是根据电流的热效应来定义的。在相同的电阻中，分别通入直流电和交流电，若经过相同的时间，产生的热量相等，即热效应相同，则交流电流的有效值在数值上就等于这个直流电流的数值。有效值规定用大写字母表示，如 E、U、I 分别表示正弦电动势、正弦电压、正弦电流的有效值。

理论与实验均可证明，正弦交流电的有效值等于其最大值除以 $\sqrt{2}$，即

$$I = \frac{I_{\mathrm{m}}}{\sqrt{2}} \approx 0.707 I_{\mathrm{m}}$$ （3-5）

$$U = \frac{U_{\mathrm{m}}}{\sqrt{2}} \approx 0.707 U_{\mathrm{m}}$$ （3-6）

$$E = \frac{E_{\mathrm{m}}}{\sqrt{2}} \approx 0.707 E_{\mathrm{m}}$$ （3-7）

没有特别声明，交流电的大小一般是指有效值，比如我国民用交流电压 220V，工业用电电压 380V，指的就是有效值。电气设备的额定值、仪表的读数也是有效值。

3. 相位、初相、相位差、相位关系

式（3-4）中，正弦量的辐角 $(\omega t + \varphi_0)$ 反映了正弦交流电随时间变化的进程，称之为交流电的相位角，简称相位。

$t = 0$ 时的相位 φ_0 称为初相位，简称为初相。初相决定了 $t = 0$ 时正弦量的初始值。

相位和初相的单位都是用度或弧度表示。

由数学知识可知：$i = I_{\mathrm{m}} \sin(\omega t + \varphi_0) = I_{\mathrm{m}} \sin(\omega t + 2k\pi + \varphi_0)(k = 1, 2, 3, \cdots)$，这样初相就会有无数个，给使用带来不便和混乱，为此，规定了初相的取值范围为 $-\pi \leqslant \varphi_0 \leqslant \pi$。

【例 3-1】正弦交流电流 $i = 2\sin(100\pi t - 30°)\mathrm{A}$，求电流的最大值、有效值、角频率、频率、周期及初相。

解：　最大值 $I_{\mathrm{m}} = 2\mathrm{A}$

有效值 $I = 2\mathrm{A} \times 0.707 = 1.414\mathrm{A}$

角频率 $\omega = 100\pi$ rad/s

频率 $f = \omega / (2\pi) = 50\text{Hz}$

周期 $T = 1/f = 0.02\text{s}$

初相 $\varphi_0 = -30°$

在分析正弦交流电路时，经常要比较两个同频率正弦量变化的先后顺序，即相位关系，为此引入了相位差的概念。

两个同频率正弦量的相位之差称为相位差，如图 3-4 所示。

若 $i_1 = I_{1m} \sin(\omega t + \varphi_{01})$, $i_2 = I_{2m} \sin(\omega t + \varphi_{02})$

则 i_1 和 i_2 的相位差 $\varphi = (\omega t + \varphi_{01}) - (\omega t + \varphi_{02}) = \varphi_{01} - \varphi_{02}$ （3-8）

这表明两个同频率的正弦交流电的相位差等于初相之差。

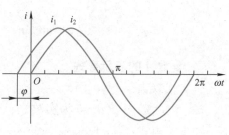

图 3-4 相位差

与初相相同的原因，相位差的取值范围规定为 $-\pi \leqslant \varphi \leqslant \pi$。

相位差反映了两个同频率正弦量的相位关系，以式（3-8）为例，讨论两个正弦量的相位关系：

1）若 $\varphi > 0$，说明 i_1 越前 i_2 一个相位角 φ，或 i_2 滞后 i_1 一个相位角 φ，如图 3-5 所示。

2）若 $\varphi < 0$，说明 i_1 滞后 i_2 一个相位角 φ，或 i_2 越前 i_1 一个相位角 φ，如图 3-6 所示。

3）若 $\varphi = 0$，说明 i_1 和 i_2 同相，如图 3-7 所示。

4）若 $\varphi = \pm 180°$，说明 i_1 和 i_2 反相，如图 3-8 所示。

5）若 $\varphi = \pm 90°$，说明 i_1 和 i_2 正交，如图 3-9 所示。

【例 3-2】已知两个正弦电压 $u_1 = 141\sin(314t - 90°)$ V，$u_2 = 311\sin(314t + 150°)$ V，求两者的相位差，并指出两者的相位关系。

解：相位差 $\varphi_{12} = \varphi_1 - \varphi_2 = -90° - 150° = -240°$

由于 $-180° \leqslant \varphi_{12} \leqslant 180°$，故 $\varphi_{12} = -240° + 360° = 120°$

u_1、u_2 的相位关系是 u_1 越前 u_2 120°。

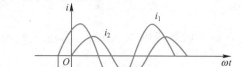

图 3-5 i_1 越前 i_2 一个相位角 φ

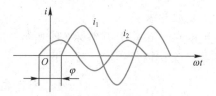

图 3-6 i_2 越前 i_1 一个相位角 φ

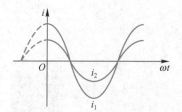

图 3-7 i_1 和 i_2 同相

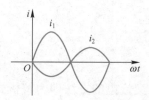

图 3-8 i_1 和 i_2 反相

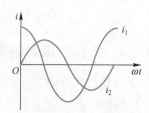

图 3-9 i_1 和 i_2 正交

3.1.3 复数的表示形式及其四则运算

有向线段 A 置于复平面中，A 的长度为 r 称为复数的模，它表示复数的大小；A 与横轴之间的夹角 φ，称为复数的辐角。A 在横轴上的投影称为复数 A 的实部，用 a 表示；在纵轴上的投影称为复数的虚部，用 b 表示，如图 3-10 所示。各量间的关系如下：

$$a = r\cos\varphi \tag{3-9}$$

$$b = r\sin\varphi \tag{3-10}$$

$$r = \sqrt{a^2 + b^2} \tag{3-11}$$

$$\varphi = \arctan\frac{b}{a} \tag{3-12}$$

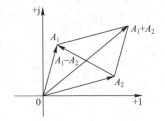

图 3-10 复平面上的复数

1. 复数 A 的表示形式

1）代数式：$A = a + jb$ （3-13）

式（3-13）中，a、b 为实数，$j = \sqrt{-1}$ 称为虚数单位，$j^2 = -1$。

2）三角式：$A = r\cos\varphi + jr\sin\varphi = r(\cos\varphi + j\sin\varphi)$ （3-14）

3）指数式：$A = re^{j\varphi}$ （3-15）

4）极坐标式：$A = r\underline{/\varphi}$ （3-16）

2. 复数的四则运算

设有两个复数 $A_1 = a_1 + jb_1 = r_1\underline{/\varphi_1}$

$A_2 = a_2 + jb_2 = r_2\underline{/\varphi_2}$

（1）复数的加减

复数的加、减采用代数形式表示更方便，运算规则是实部与虚部分别相加或相减。即

$$A_1 \pm A_2 = (a_1 \pm a_2) + j(b_1 \pm b_2) \tag{3-17}$$

复数的加、减也可利用平行四边形法则在复平面上作矢量图来实现，如图 3-11 所示。

（2）复数的乘除

复数的乘、除采用极坐标（或指数）形式较方便。运算规则是模相乘、除，辐角相加、减。即

$$A_1 \cdot A_2 = |A_1| \cdot |A_2| \underline{/(\varphi_1 + \varphi_2)} \tag{3-18}$$

$$\frac{A_1}{A_2} = \frac{|A_1|}{|A_2|} \underline{/(\varphi_1 - \varphi_2)} \tag{3-19}$$

图 3-11 复数加、减矢量图

3.1.4 正弦交流电的表示法

1. 解析式表示法

用数学表达式来表示正弦交流电的方法即为解析式表示法。

正弦交流电的表示法

$$u = U_\mathrm{m} \sin(\omega t + \varphi_0)$$

$$i = I_\mathrm{m} \sin(\omega t + \varphi_0)$$

$$e = E_\mathrm{m} \sin(\omega t + \varphi_0)$$

上述三式为交流电的解析式。

已知交流电的有效值（或最大值）、频率（或周期、角频率）和初相，就可写出它的解析式，从而也可算出交流电任何瞬时值。

【例3-3】已知某正弦交流电流的最大值是2A，频率为100Hz，设初相位为60°，求该电流 i 的瞬时表达式。

解：$i = I_\mathrm{m} \sin(\omega t + \varphi_0) = 2\sin(2\pi f t + 60°) = 2\sin(200\pi t + 60°)\,\mathrm{A}$

2. 波形图表示法

用波形图表示正弦交流电的方法即为波形图表示法。如图3-12所示，以 t 或 ωt 为横坐标，以 i、e、u 为纵坐标。

交流电解析式表示法计算精确，但描述交流电的变化时缺乏直观性；波形图表示法可以直观地反映出交流电的变化规律，但作图和读图误差比较大，精确度较差。解析法和波形图在涉及正弦量的加、减、乘、除等运算时，都很不方便，为此引入相量表示法。相量表示法就是用复数表示正弦量，利用复数的运算规律计算正弦量，给正弦交流电的分析和计算带来方便。

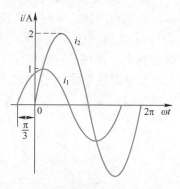

图3-12　正弦电路的波形图表示法

3. 相量图表示法

设有一正弦交流电流 $i = I_\mathrm{m} \sin(\omega t + \varphi_0)$，在平面直角坐标系中，以坐标原点 O 为端点做一条有向线段 OA，线段的长度为正弦量的最大值 I_m，旋转相量的起始位置与 x 轴正方向的交角为正弦量的初相 φ_0，它以正弦量的角频率 ω 为角速度，绕原点 O 逆时针匀速转动，即在任意时刻 t 旋转矢量与 x 轴正半轴的交角为 $\omega t + \varphi_0$，则在任一时刻，旋转相量在纵轴上的投影就等于该时刻正弦量的瞬时值，如图3-13所示。

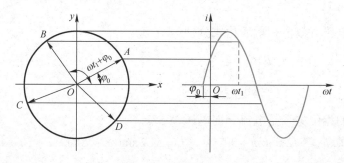

图3-13　相量图表示法

这样一个旋转相量完全可以反映出一个正弦量的三要素：最大值、角频率、初相。分析、计算交流电路时，电路中各部分的电压、电流都是与电源同频率的正弦量，也就是频率不变，因此，计算过程中只要确定待求正弦量的最大值和初相就行。

　用复数表示正弦交流电的方法，称为交流电的相量表示法，为了与一般的复数相区别，规定用大写字母上加黑点"·"表示。如正弦交流电流

$$i = I_\mathrm{m} \sin(\omega t + \varphi_0) = I\sqrt{2}\sin(\omega t + \varphi_0)$$

最大值相量为 $\dot{I}_\mathrm{m} = I_\mathrm{m}\underline{/\varphi_0}$，有效值相量为 $\dot{I} = I\underline{/\varphi_0}$

将正弦量的相量画在复平面上的图形称为相量图。

画相量图时，同频率的几个正弦量的相量画在一个复平面上，不同频率正弦量的相量画在同一复平面上是没有意义的。

相量图的做法：

1）画一条水平虚线表示基准线。

2）确定并画出有向线段的长度单位。

3）从原点出发，有几个正弦量就作出几条有向线段，它们与基准线的夹角分别为各自的初相角。规定逆时针方向的角度为正，顺时针方向的角度为负。

4）按画好的长度单位和各正弦量的最大值（或有效值）取各线段的长度，在线段末端加箭头，并在箭号边标注所表示的正弦量的相量符号。

相量图能形象地看出各个正弦量的大小和相互间的相位关系。如图 3-14 所示，可以直观地看出 u 和 i 之间的关系是电压 u 越前电流 i 的角度为 φ。

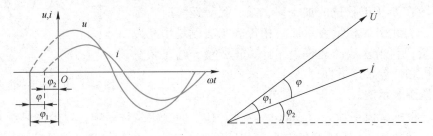

图 3-14　相量间的关系

【例 3-4】已知 $i = 5\sqrt{2}\sin(\omega t + 75°)\mathrm{A}$，$u = 20\sqrt{2}\sin(\omega t - 30°)\mathrm{V}$，写出电流、电压有效值相量表达式，画出相量图，指出电流、电压的相位关系。

　解：电流、电压有效值相量表达式分别为

$$\dot{I} = 5\underline{/75°}\,\mathrm{A}$$

$$\dot{U} = 20\underline{/-30°}\,\mathrm{V}$$

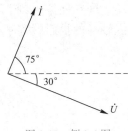

图 3-15　例 3-4 图

电流、电压的相位关系是电流导前电压 105°。

【例 3-5】已知 $i_1 = 3\sqrt{2}\sin(\omega t + 20°)\mathrm{A}$，$i_2 = 5\sqrt{2}\sin(\omega t - 70°)\mathrm{A}$，若 $i = i_1 + i_2$，求 $\dot{I}$ 和 i。

　解一：$\dot{I} = \dot{I}_1 + \dot{I}_2$

$$= 3\underline{/20°} + 5\underline{/(-70°)}$$

$$= 3\cos 20° + \mathrm{j}3\sin 20° + 5\cos(-70°) + \mathrm{j}5\sin(-70°)$$

$$= 2.819 + \mathrm{j}1.026 + 1.710 - \mathrm{j}4.698$$

$$= 4.529 - j3.672$$
$$= 5.83\underline{/-39.03°}(A)$$
$$i = 5.83\sqrt{2}\sin(\omega t - 39.03°)A$$

解二：作出相量图，如图 3-16 所示。

由勾股定理，得

$$I = \sqrt{I_1^2 + I_2^2} = \sqrt{3^2 + 5^2} \approx 5.83(A)$$

$$\varphi = \arctan\frac{5}{3} - 20° \approx 39.03°$$

$$\dot{I} = 5.83\underline{/-39.03°}A$$

$$i = 5.83\sqrt{2}\sin(\omega t - 39.03°)A$$

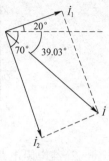

图 3-16 例 3-5 图

任务 3.2 单一参数正弦交流电路分析

❖ 布置任务

知道了描述正弦交流电的物理量和表示法，那正弦交流电路怎么分析呢？这就得从学习单一参数正弦交流电路分析开始。

在正弦交流电路中，由电阻、电感、电容中任一元件组成的电路，称为单一参数正弦交流电路。单一参数电路的电压、电流关系是分析交流电路的基础。

纯电阻电路－电压与电流的关系

3.2.1 纯电阻电路

只含有电阻元件的交流电路叫作纯电阻电路，如图 3-17 所示。白炽灯、电炉、电烙铁等电路都可看作纯电阻电路。

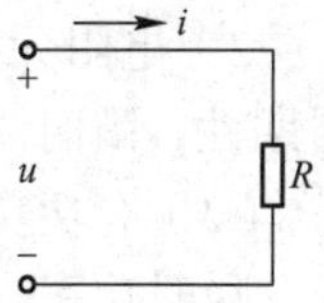

1. 电压与电流的关系

对纯电阻电路，电压、电流的瞬时值之间的关系仍服从欧姆定律。

图 3-17 纯电阻电路

设加在电阻 R 上的正弦交流电压瞬时值为：

$$u = U_m\sin\omega t \tag{3-20}$$

则通过该电阻的电流瞬时值为：

$$i = \frac{u}{R} = \frac{U_m}{R}\sin\omega t = I_m\sin\omega t \tag{3-21}$$

对比正弦量的三要素，可得纯电阻电路电压与电流的关系：

1）电压与电流同频率。

2）电压与电流同相。

3）电压与电流最大值的关系：$U_m = I_m R$

电压与电流有效值的关系：$U = IR$

电压与电流的相位关系：$\dot{U} = \dot{I}R$

电压与电流的波形图如图 3-18 所示，相量图如图 3-19 所示。

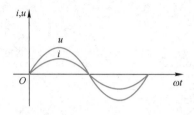

图 3-18 纯电阻电路电压与电流的波形图　图 3-19 纯电阻电路电压与电流的相量图

2. 纯电阻电路的功率

（1）瞬时功率

电路任一瞬间所吸收的功率称为瞬时功率，它等于每个瞬间电压与电流的乘积，用小写字母 p 表示，即：

纯电阻电路的功率

$$p = ui$$

设电压 $u = U_m\sin\omega t$、电流 $i = I_m\sin\omega t$，则

$$p = ui = U_m\sin\omega t \cdot I_m\sin\omega t = \sqrt{2}U\sin\omega t \cdot \sqrt{2}I\sin\omega t = UI(1 - \cos^2\omega t)$$

根据上式画出纯电阻电路瞬时功率的波形图，如图 3-20 所示。

从图中可见：

1）纯电阻瞬时功率始终为正值，说明电阻总是在从电源吸收能量，是个耗能元件。

2）电阻元件瞬时功率不是正弦量，但变化仍然有周期性，瞬时功率的频率是电压、电流频率的 2 倍。

（2）有功功率（平均功率）

瞬时功率是个随时间不断变化的值，这在计算、测量等实际使用中不太方便。日常生活中使用的、仪器测量的、电气设备标注的功率指的都是有功功率。

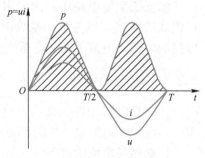

图 3-20 纯电阻电路瞬时功率波形图

有功功率是电路实际消耗的功率，其大小规定为瞬时功率在一个周期内的平均值，也叫作平均功率，用大写字母 P 表示。其数学表达式为

$$P = \frac{1}{T}\int_0^T p\,dt = \frac{1}{T}\int_0^T UI(1 - \cos\omega t)\,dt = UI = RI^2 = \frac{U^2}{R} \qquad （3-22）$$

国际单位制中有功功率的单位为瓦特（W），其他常用单位有千瓦（kW）。

$$1kW = 1000W$$

有功功率是一个定值，是电流和电压有效值的乘积，也是电流和电压最大值乘积的 1/2。

【例3-6】在纯电阻电路中，已知电阻 $R = 44\,\Omega$，交流电压 $u = 311\sin(314t + 30°)$ V，写出电流的解析式，并求通过该电阻的电流大小。

解：解析式 $i = \dfrac{u}{R} = 7.07\sin(314t + 30°)$ A，电流的大小（有效值）为 $I = \dfrac{7.07}{\sqrt{2}}$ A $= 5$ A。

3.2.2　纯电感电路

只有电感元件的正弦交流电路叫作纯电感电路，如图 3-21 所示。

1. 电压与电流的关系

设　　　　　　　　　　$i = I_\mathrm{m}\sin\omega t$　　　　　　　（3-23）

图 3-21　纯电感电路

电感元件中电流与电压的瞬时值关系为：

$$u = L\frac{\mathrm{d}i}{\mathrm{d}t} = L\frac{\mathrm{d}I_\mathrm{m}\sin\omega t}{\mathrm{d}t} = \omega L I_\mathrm{m}\cos\omega t = \omega L I_\mathrm{m}\sin(\omega t + 90°) = U_\mathrm{m}\sin(\omega t + 90°) \quad （3-24）$$

根据 i、u 表达式，作出电压与电流的波形图如图 3-22 所示，并可得纯电感电路电压与电流的关系：

1）电压与电流同频率。

2）电压越前电流 90° 或电流滞后电压 90°。

3）电压与电流最大值的关系：$U_\mathrm{m} = I_\mathrm{m}\omega L$。

电压与电流有效值的关系：$U = I\omega L$。

> 纯电感电路 – 电
> 压与电流的关系

设 $X_\mathrm{L} = \omega L = 2\pi f L$，$X_\mathrm{L}$ 叫作感抗，它反映了电感对交流电流的阻碍作用。直流电路中，$f = 0$，$X_\mathrm{L} = 0$，电感相当于短路。交流电路中，感抗 X_L 随着频率 f 的变化而变化，电感具有"通直阻交"作用。

引入感抗后，电压与电流最大值的关系也可写成 $U_\mathrm{m} = I_\mathrm{m}X_\mathrm{L}$，有效值的关系写成 $U = IX_\mathrm{L}$。显然，感抗与电阻一样满足欧姆定律，它们的单位相同，都是欧姆（Ω）。

根据式（3-23）和式（3-24），电流、电压的相量式分别为 $\dot{I} = I\angle 0°$，$\dot{U} = U\angle 90°$，可求出电压、电流的相量关系为：

$$\frac{\dot{U}}{\dot{I}} = \frac{U\angle 90°}{I\angle 0°} = X_\mathrm{L}\angle 90° = \mathrm{j}X_\mathrm{L} = \mathrm{j}\omega L，\quad 即$$

$$\dot{U} = \mathrm{j}X_\mathrm{L}\dot{I}$$

电压与电流的相量图如图 3-23 所示。

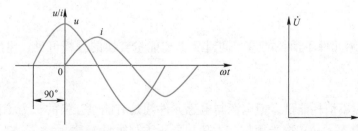

图 3-22　纯电感电路电压与电流的波形图　　图 3-23　纯电感电路电压与电流的相量图

2. 纯电感电路的功率

（1）瞬时功率

纯电感电路
的功率

纯电感电路中，若 $i = I_m\sin\omega t$，$u = U_m\sin(\omega t + 90°)$，则瞬时功率为

$$p = iu = I_m\sin\omega t \cdot U_m\sin(\omega t + 90°) = I_mU_m\sin\omega t\cos\omega t = 2UI\sin\omega t\cos\omega t = UI\sin 2\omega t \quad (3\text{-}25)$$

根据式（3-25）画出纯电感电路瞬时功率的波形图，如图 3-24 所示。

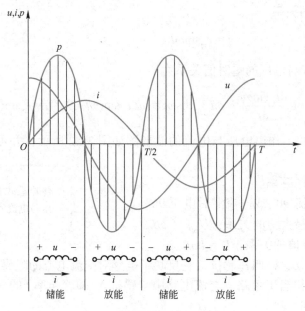

图 3-24　纯电感电路瞬时功率波形图

在第一个和第三个 1/4 周期，电流在增大，磁场在建立，p 为正值，电感元件从电源取用能量，并转换为磁场能量；在第二个和第四个 1/4 周期内，电流在减小，p 为负值，磁场在消失，电感元件释放原先储存的能量并转换为电能归还给电源。这是一个可逆的能量转换过程，在一个周期内，电感元件吸收和释放的能量相等。

纯电感电路，瞬时功率仍是正弦量，其频率是电压、电流频率的 2 倍。

（2）有功功率

从图 3-24 可见，瞬时功率在一个周期内的平均值为零，也就是纯电感电路的有功功率为零。即

$$P = 0$$

$P = 0$ 表明电感元件不消耗能量，同时从上述能量转换的分析可见，电感元件是储能元件。

（3）无功功率

电感元件虽然不消耗能量，但电源与电感元件间是有能量互换的，为了描述这部分能量互换的规模，引入无功功率来衡量，无功功率用大写字母 Q 表示。

规定电感元件的无功功率为瞬时功率的幅值。即

$$Q = UI = I^2 X_{\text{L}} = \frac{U^2}{X_{\text{L}}}$$

为了与有功功率加以区别，无功功率的单位，国际单位制中为乏尔（var），简称乏，其他常用单位有千乏尔（kvar）。

$$1\text{kvar} = 1000\text{var}$$

【例 3-7】已知一电感 $L = 80\text{mH}$，外加电压 $u_{\text{L}} = 50\sqrt{2}\sin(314t + 65°)$ V。试求：

1）感抗 X_{L}。

2）电感中的电流 I_{L}。

3）电流瞬时值 i_{L}。

4）有功功率 P、无功功率 Q。

解：1）电路中的感抗为 $X_{\text{L}} = \omega L = 314 \times 0.08 \approx 25$（Ω）

2）$I_{\text{L}} = \dfrac{U_{\text{L}}}{X_{\text{L}}} = \dfrac{50}{25} = 2(\text{A})$

3）电感电流 i_{L} 比电压 u_{L} 滞后 90°，则 $i_{\text{L}} = 2\sqrt{2}\sin(314t - 25°)\text{A}$。

4）有功功率 $P = 0$。

无功功率 $Q = U_{\text{L}}I_{\text{L}} = 50 \times 2 = 100(\text{var})$。

3.2.3 纯电容电路

只有电容元件的正弦交流电路叫作纯电容电路，如图 3-25 所示。介质损耗小、绝缘电阻大的电容器就可以近似看成纯电容元件。

1. 电流与电压的关系

设 $\qquad\qquad u = U_{\text{m}}\sin\omega t$ （3-26）

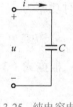

图 3-25　纯电容电路

电容元件中电流与电压的瞬时值关系为：

$$i = C\frac{\mathrm{d}u}{\mathrm{d}t} = C\frac{\mathrm{d}U_{\text{m}}\sin\omega t}{\mathrm{d}t} = \omega C U_{\text{m}}\cos\omega t = \omega C U_{\text{m}}\sin(\omega t + 90°) = I_{\text{m}}\sin(\omega t + 90°) \quad （3\text{-}27）$$

根据 i、u 表达式，作出电压与电流的波形图如图 3-26 所示，并可得纯电容电路电压与电流的关系：

1）电压与电流同频率。

2）电流越前电压 90° 或电压滞后电流 90°。

3）电压与电流最大值的关系：$I_{\text{m}} = U_{\text{m}}\omega C$。

电压与电流有效值的关系：$I = U\omega C$。

纯电容电路 - 电压与电流的关系

设 $X_{\text{C}} = \dfrac{1}{\omega C} = \dfrac{1}{2\pi f C}$，$X_{\text{C}}$ 叫作容抗，它反映了电容对交流电流的阻碍作用。直流电路中，$f = 0$，X_{C} 趋向于 ∞，电容相当于开路。交流电路中，容抗 X_{C} 与频率 f 成反比关系，电容具有"通交隔直"作用，用于"通高频、阻低频"，将高频电流成分滤除的电容叫作高频旁路电容器。

引入容抗后，电压与电流最大值的关系也可写成 $U_m = I_m X_C$，有效值的关系写成 $U = I X_C$。显然，容抗与电阻一样满足欧姆定律，它们的单位相同，都是欧姆（Ω）。

根据式（3-26）和式（3-27），电流、电压的相量式分别为 $\dot{U} = U \angle \underline{0°}$，$\dot{I} = I \angle \underline{90°}$，可求出电压、电流的相量关系为：

$$\frac{\dot{U}}{\dot{I}} = \frac{U \angle 0°}{I \angle 90°} = X_C \angle -90° = -jX_C = -j\frac{1}{\omega C} , \text{ 即}$$

$$\dot{U} = -jX_C \dot{I}$$

电压与电流的相量图如图 3-27 所示。

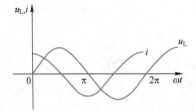

图 3-26 纯电容电路电压与电流的波形图   图 3-27 纯电容电路电压与电流的相量图

2. 纯电容电路的功率

（1）瞬时功率

纯电容电路
的功率

纯电容电路中，若 $u = U_m \sin\omega t$，$i = I_m \sin(\omega t + 90°)$，则瞬时功率为

$$p = ui = U_m \sin\omega t \cdot I_m \sin(\omega t + 90°) = U_m I_m \sin\omega t\cos\omega t = 2UI\sin\omega t\cos\omega t = UI\sin 2\omega t \quad （3-28）$$

根据式（3-28）画出纯电容电路瞬时功率的波形图，如图 3-28 所示。

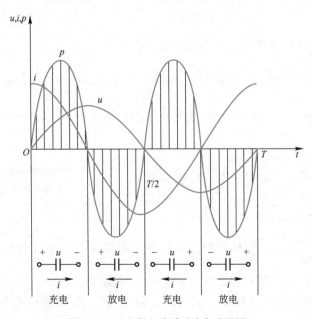

图 3-28 纯电容电路瞬时功率波形图

当 $p > 0$ 时，电容从电源吸收电能转换成电场能储存在电容中；当 $p < 0$ 时，电容中储存的电场能转换成电能送回电源。

在第一个和第三个 1/4 周期，$p > 0$，电容从电源吸收电能转换成电场能储存在电容中，即电容充电；在第二个和第四个 1/4 周期，$p < 0$，电容中储存的电场能转换成电能送回电源，即电容放电。

纯电容电路，瞬时功率仍是正弦量，其频率是电压、电流频率的 2 倍。

（2）有功功率

从图 3-28 可见，瞬时功率在一个周期内的平均值为零，也就是纯电容电路的有功功率为零。即

$$P = 0$$

$P = 0$ 表明电容元件不消耗能量，电容元件是储能元件。

（3）无功功率

电容元件不消耗能量，但与电源有能量互换，描述这部分能量互换的规模，也是用无功功率来表示。

规定电容元件的无功功率为瞬时功率的幅值，即

$$Q = UI = I^2 X_C = \frac{U^2}{X_C}$$

【例 3-8】已知一电容 $C = 127\mu F$，外加正弦交流电压 $u_C = 20\sqrt{2}\sin(314t + 20°)$，试求：

1）容抗 X_C。

2）电流大小 I_C。

3）电流相量表达式 $\dot{I}_C$。

解：

1）$X_C = \frac{1}{\omega C} = \frac{1}{314 \times 127 \times 10^{-6}} \approx 25(\Omega)$

2）$I_C = \frac{U}{X_C} = \frac{20}{25} = 0.8(A)$

3）电容电流比电压超前 90°，则 $\dot{I}_C = 0.8\angle 110° A$。

任务 3.3 *RLC* 串联正弦交流电路

❖ **布置任务**

单一参数正弦交流电路毕竟是理想模型的电路，实际电路往往是电阻、电感、电容元件的混接。要掌握实际交流电路的分析，可以从学习 *RLC* 串联这一典型的交流电路入手，学会分析这一电路，其他电路的学习也就能触类旁通了。

3.3.1　电压与电流的关系

由电阻、电感、电容串联构成的电路叫作 RLC 串联电路，如图 3-29 所示。

RLC 串联电路 – 电压与电流的关系
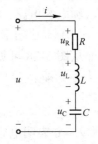

设电路中流过各元件的电流 $i = I_m\sin\omega t$，则各元件的两端电压分别为：$u_R = RI_m\sin\omega t$

$$u_L = X_L I_m\sin(\omega t + 90°)$$

$$u_C = X_C I_m\sin(\omega t - 90°)$$

根据基尔霍夫电压定律（KVL），在任一时刻总电压 u 的瞬时值为：

$$u = u_R + u_L + u_C$$

由于电阻、电感和电容元件两端的电压与电流频率相同、相位不同，故总电压不等于各分电压的代数和，而应是相量和，即：

$$\dot{U} = \dot{U}_R + \dot{U}_L + \dot{U}_C = R\dot{I} + jX_L\dot{I} - jX_C\dot{I} = [R + j(X_L - X_C)]\dot{I} = Z\dot{I} \tag{3-29}$$

图 3-29　RLC 串联电路

式（3-29）中，$Z = R + j(X_L - X_C)$，Z 称为阻抗，阻抗是个复数，但不是正弦量，它不随时间的变化而变化。阻抗也可写成复数的极坐标形式，即 $Z = |Z|\angle\varphi$。由式（3-29）可得

$$Z = \frac{\dot{U}}{\dot{I}} = \frac{U\angle\varphi_u}{I\angle\varphi_i} = \frac{U}{I}\angle(\varphi_u - \varphi_i) = |Z|\angle\varphi \tag{3-30}$$

其中，阻抗值（也称为阻抗的模）$|Z| = \dfrac{U}{I} = \sqrt{R^2 + (X_L - X_C)^2}$

阻抗角

$$\varphi = \arctan\frac{X_L - X_C}{R} \tag{3-31}$$

阻抗 Z、阻抗的模 $|Z|$ 的单位都是欧姆（Ω）。

根据 $\dot{U} = \dot{U}_R + \dot{U}_L + \dot{U}_C$，由于流经各元件的电流都是 $\dot{I}$，选择 $\dot{I}$ 为参考相量作出相量图，如图 3-30 所示。

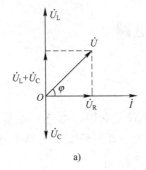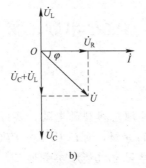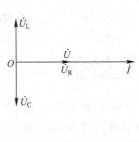

a)　　　　　　　　　　b)　　　　　　　　　　c)

图 3-30　RLC 串联电路电压、电流相量图

a）$\dot{U}_L > \dot{U}_C$　b）$\dot{U}_L < \dot{U}_C$　c）$\dot{U}_L = \dot{U}_C$

根据图 3-30，可得：

总电压与各分电压有效值的关系：$U = \sqrt{U_R^2 + (U_L - U_C)^2}$ （3-32）

总电压与电流的相位差为：

$$\varphi = \arctan \frac{U_L - U_C}{U_R} = \arctan \frac{X_L - X_C}{R} = \arctan \frac{X}{R}$$ （3-33）

3.3.2 电路的性质

RLC 串联电路 – 电路的性质

根据式（3-33），总电压与电流的相位差，也就是阻抗角 φ，其大小只与电路参数及频率有关，与电压、电流的大小无关。根据 φ 为正、负、零 3 种情况，可将电路分为 3 种性质。

1）当 $U_L > U_C$ 或 $X_L > X_C$ 时，$\varphi > 0$，电压越前电流 φ，电路呈感性，如图 3-30a 所示。

2）当 $U_L < U_C$ 或 $X_L < X_C$ 时，$\varphi < 0$，电流越前电压 φ，电路呈容性，如图 3-30b 所示。

3）当 $U_L = U_C$ 或 $X_L = X_C$ 时，$\varphi = 0$，电压与电流同相，电路呈阻性，如图 3-30c 所示。电路的这种状态，叫作谐振状态。

【例3-9】在 *RLC* 串联电路中，交流电源电压 $U = 220\text{V}$，频率 $f = 50\text{Hz}$，$R = 30\Omega$，$L = 445\text{mH}$，$C = 32\mu\text{F}$。试求：

1）电路中的电流大小 I。

2）总电压与电流的相位差 φ，并判断电路的性质；

3）各元件上的电压 U_R、U_L、U_C。

解：1）$X_L = 2\pi f L = 2 \times 3.14 \times 50 \times 445 \times 10^{-3} \approx 140(\Omega)$

$$X_C = \frac{1}{2\pi fc} = \frac{1}{2 \times 3.14 \times 50 \times 32 \times 10^{-6}} \approx 100(\Omega)$$

$$|Z| = \sqrt{R^2 + (X_L - X_C)^2} = \sqrt{30^2 + (140-100)^2} = 50(\Omega)$$

$$I = \frac{U}{|Z|} = \frac{220}{50} = 4.4(\text{A})$$

2）$\varphi = \arctan \dfrac{X_L - X_C}{R} = \arctan \dfrac{140-100}{30} = 53.1°$

总电压比电流越前 53.1°，电路呈感性。

3）$U_R = RI = 30 \times 4.4 = 132(\text{V})$

$U_L = X_L I = 140 \times 4.4 = 616(\text{V})$

$U_C = X_C I = 100 \times 4.4 = 440(\text{V})$

本例题中电感电压、电容电压都比电源电压大。在交流电路中各元件上的电压可以比总电压大，这是交流电路与直流电路特性中明显的不同之处。

3.3.3 电路的功率

RLC 串联电路 – 电路的功率

（1）有功功率

有功功率是电路实际消耗的功率，由于电感和电容不消耗电能，因此 RLC 串联电路所消耗的功率就是电阻所消耗的功率，结合图 3-30，可得 RLC 串联电路的有功功率为：

$$P = U_R I = \frac{U_R^2}{R} = RI^2 = UI\cos\varphi \qquad (3\text{-}34)$$

（2）无功功率

电感元件、电容元件不消耗功率，但和电源存在着能量交换，这部分能量就是无功功率 Q。由于电感电压 U_L 与电容电压 U_C 反相的原因，RLC 串联电路的无功功率为电感和电容无功功率之差。即

$$Q = Q_L - Q_C = U_L I - U_C I = UI\sin\varphi \qquad (3\text{-}35)$$

（3）视在功率

工程上，为了说明设备的容量，引入了视在功率的概念。视在功率定义为电压与电流有效值的乘积，用大写字母 S 表示。即

$$S = UI \qquad (3\text{-}36)$$

为了与有功功率和无功功率加以区别，视在功率的单位，国际单位制是伏安（VA），其他常用单位是千伏安（kVA）。

$$1\text{kVA} = 1000\text{VA}$$

（4）有功功率 P、无功功率 Q、视在功率 S 的关系

由 $P = UI\cos\varphi$，$Q = UI\sin\varphi$，$S = UI$ 可得：

$$S = \sqrt{P^2 + Q^2} \qquad (3\text{-}37)$$

本节公式较多，掌握这么多公式有一定难度，尤其是初学者。下面介绍的 3 个三角形可以帮助大家记住上述众多公式，甚至可自己推导出一些上面没有介绍的公式。

根据 RLC 串联交流电路电压、电流的相量图，以电感性电路为例分析，如图 3-30a。把图中各电压用三角形的三条边表示，如图 3-31b 所示，所得的这个三角形称为电压三角形。把电压三角形除以电流，可得阻抗三角形，如图 3-31a 所示。电压三角形乘以电流，可得功率三角形，如图 3-31c 所示。

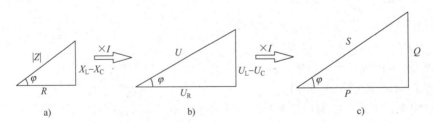

图 3-31　阻抗、电压、功率三角形

a）阻抗三角形　b）电压三角形　c）功率三角形

例如求有功功率 S，根据图 3-31，则有 $S = \sqrt{P^2 + Q^2} = \dfrac{P}{\cos\varphi} = \dfrac{Q}{\sin\varphi} = UI = I^2|Z|$。可见利用图 3-31，一个电路的物理量可以用多个关系式求出。

任务 3.4　交流电路的功率因数

❖ **布置任务**

功率因数是什么？它的意义是什么？让我们怀着一份好奇来找出答案吧。

3.4.1 功率因数的概念

在交流电路中，负载消耗的有功功率与电源提供的视在功率的比值用 λ 表示，称为电路的功率因数，即

$$\lambda = \cos\varphi = \frac{P}{S} \tag{3-38}$$

功率因数反映了电源的利用率，是供电系统的一个重要参数。

1. 常用电路的功率因数

纯电阻电路：　　　$\cos\varphi = 1$

纯电感电路：　　　$\cos\varphi = 0$

纯电容电路：　　　$\cos\varphi = 0$

RLC 串联电路：　$0 < \cos\varphi < 1$

2. 功率因数和电路参数的关系

功率因数的值取决于电路中总电压和总电流的相位差，由于 $\varphi = \arctan\dfrac{X_L - X_C}{R}$，说明功率因数由负载性质决定，与电路的负载参数和频率有关，与电路的电压、电流无关。

【例 3-10】在 RLC 串联电路中，已知 $R = 8\,\Omega$，$X_L = 16\,\Omega$，$X_C = 10\,\Omega$，接在 220V 的正弦交流电源上，求：

1）复阻抗 Z，并判断电路的性质。

2）电流 I。

3）功率因数。

4）有功功率 P、无功功率 Q 和视在功率 S。

解：1）$Z = R + \mathrm{j}(X_L - X_C) = 8 + \mathrm{j}(16-10) = 8 + \mathrm{j}6 = 10\,\underline{/36.9°}\,(\Omega)$

由于 $X_L > X_C$，电路呈电感性。

2）$I = \dfrac{U}{|Z|} = \dfrac{220}{10} = 22(\mathrm{A})$

3）$\cos\varphi = \dfrac{R}{|Z|} = \dfrac{8}{10} = 0.8$

4）$P = UI\cos\varphi = 220 \times 22 \times 0.8 = 3872(\mathrm{W})$

$Q = UI\sin\varphi = UI\dfrac{X_L - X_C}{|Z|} = 220 \times 22 \times \dfrac{16-10}{10} = 2904(\mathrm{var})$

$S = UI = 220 \times 22 = 4840(\mathrm{VA})$

3.4.2 功率因数的提高

功率因数的
提高

1.提高功率因数的意义

（1）提高供电设备的利用率

功率因数 $P = S\cos\varphi$，在电源设备容量 S 一定的情况下，$\cos\varphi$ 越低，P 越小，供电电源得不到充分利用。

例如：供电设备的容量 $S = 1\,000\text{kVA}$，$P = S\cos\varphi$

$$\cos\varphi = 0.5\ \text{时，输出}\ P = 500\text{kW}$$

$$\cos\varphi = 0.9\ \text{时，输出}\ P = 900\text{kW}$$

（2）降低电路损耗和电路压降

$$I = P/(U\cos\varphi)$$

负载的有功功率 P 一定，$\cos\varphi$ 提高，则电流 I 降低，电路功率损耗和电路压降都随之降低。

2.提高功率因数的办法

提高功率因数的方法有多种，实际应用中大部分的负载都属于电感性负载，对此类负载，提高功率因数最简单有效的方法是在电感性负载的两端并上容量适当的电容器，称为并联补偿法。

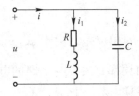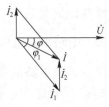

图 3-32　功率因数的提高

如图 3-32 所示，得：

$I_2 = I_1\sin\varphi_1 - I\sin\varphi$

式中，$I_1 = \dfrac{P}{U\cos\varphi_1}$ ，$I = \dfrac{P}{U\cos\varphi}$

又因为 $I_2 = \omega CU$，$\omega CU = \dfrac{P}{U}(\tan\varphi_1 - \tan\varphi)$ ，所以提高功率因数应该并联的电容器的电容量为：

$$C = \frac{P}{\omega U^2}(\tan\varphi_1 - \tan\varphi) \tag{3-39}$$

式中，P 是负载吸收的功率，U 是负载的端电压，φ_1、φ_2 分别是补偿前和补偿后的功率因数角。

任务 3.5 谐振电路

◆ 布置任务

谐振现象在电子技术中有着广泛的应用。那么谐振是一种怎样的现象？怎样才会产生谐振现象？谐振有什么样的特征？现在让我们轻轻地推开"谐振"这扇门，探究门内的世界。

RLC 电路在正弦电源作用下，当电压与电流同相时，电路呈电阻性，这种现象称为谐振现象。

最常见的谐振电路是由电阻、电感、电容组成的串联谐振电路和并联谐振电路，本节以串联谐振电路为例来讨论谐振现象。

3.5.1 串联谐振条件

如图 3-33 所示的电路中，当 $X_L = X_C$ 或 $U_L = U_C$ 时，RLC 串联电路电压、电流同相，电路呈电阻性，即谐振。所以串联电路产生谐振的条件是 $X_L = X_C$ 或 $U_L = U_C$。

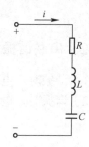

图 3-33 RLC 串联谐振电路

1. 固有频率和固有角频率

为了和普通频率加以区别，谐振时电路的角频率用 ω_0 表示，频率用 f_0 表示。由于谐振时 $X_L = X_C$，即 $\omega_0 L = \dfrac{1}{\omega_0 C}$，可得：

$$\omega_0 = \frac{1}{\sqrt{LC}} \tag{3-40}$$

$$f_0 = \frac{1}{2\pi\sqrt{LC}} \tag{3-41}$$

当电路中的频率达到 f_0 值时，电路就会发生谐振。f_0（或 ω_0）称为谐振频率（或谐振角频率），由于 f_0 仅取决于电路本身的参数 L 和 C，所以也称为固有频率，ω_0 称为固有角频率。

2. 调谐方法

根据式（3-41）可见，谐振的发生不但与电感 L、电容 C 有关，还与电源的频率 f 有关。通过改变 L 或 C 或 f 使电路发生谐振的做法叫调谐。调谐的方法有 3 种。

1）若 L、C 固定，改变电源的频率 f，使 $f = f_0$，这种调谐方法称为调频调谐。

2）若 L、ω 固定，改变电容 C 使电路谐振，这种调谐方法称为调容调谐。由式（3-40）得：$C = \dfrac{1}{\omega_0^2 L}$

3）若 C、ω 固定，改变电感 L 使电路谐振，这种调谐方法称为调感调谐。由式（3-40）得：$L = \dfrac{1}{\omega_0^2 C}$

【例 3-11】收音机接收信号部分的等效电路如图 3-34 所示，已知 $R = 20\,\Omega$，$L = 300\mu H$，调节电容 C 接收中波 630kHz 电台的节目，问此时电容值为多少？

解：$C = \dfrac{1}{\omega_0^2 L} = \dfrac{1}{4\pi^2 f_0^2 L} = \dfrac{1}{4 \times 3.14^2 \times \left(630 \times 10^3\right)^2 \times 300 \times 10^{-6}} \approx 212.9(pF)$

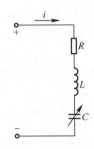

图 3-34　例 3-11 电路图

3.5.2　串联谐振的特征

1）谐振时，电路阻抗最小且为纯电阻，$Z_0 = R$。

2）谐振时，电路的感抗与容抗相等并等于电路的特性阻抗。即

$$\frac{1}{\omega_0 C} = \omega_0 L = \frac{L}{\sqrt{LC}} = \sqrt{\frac{L}{C}} = \rho \qquad (3\text{-}42)$$

ρ 称为电路的特性阻抗，单位为 Ω，它由电路的 L、C 参数决定，是衡量电路特性的重要参数。

3）谐振时，电路中的电流最大，且与外加电源电压同相。

4）谐振时，电感电压与电容电压大小相等，相位相反，其大小是电源电压的 Q 倍。

$$U_L = U_C = I\omega_0 L = \frac{U_s}{R}\omega_0 L = \frac{\omega_0 L}{R}U_s$$

其中，U_s 是 RLC 串联电路两端电源电压，$Q = \dfrac{\omega_0 L}{R} = \dfrac{1}{\omega_0 CR} = \dfrac{\rho}{R}$，$Q$ 称为谐振回路的品质因数，品质因数没有单位。

5）谐振时，电路无功功率为零，电源供给电路的能量全部消耗在电阻上。

【例 3-12】电阻、电感与电容串联电路参数为 $R = 10\,\Omega$，$L = 0.3mH$，$C = 100pF$，外加交流电压有效值为 $U = 10V$，试求在其发生串联谐振时的谐振频率 f_0、品质因数 Q、电感电压 U_L、电容电压 U_C 及电阻电压 U_R。

解：谐振频率 $f_0 = \dfrac{1}{2\pi\sqrt{LC}} = \dfrac{1}{2 \times 3.14 \times \sqrt{0.3 \times 10^{-3} \times 100 \times 10^{-12}}}$ Hz ≈ 919kHz

品质因数 $Q = \dfrac{\omega_0 L}{R} = \dfrac{2\pi f_0 L}{R} = \dfrac{2 \times 3.14 \times 919 \times 10^3 \times 0.3 \times 10^{-3}}{10} = 173$

电感电压 $U_L = QU = 173 \times 10 = 1730(V)$

电容电压 $U_C = U_L = 1730V$

电阻电压 $U_R = U = 10V$

可见发生串联谐振时，电感和电容上会得到比外加电压高许多倍的电压，利用这个特性，可以从多个不同频率的信号中选出要求得到的某个特定频率的信号。

3.5.3　谐振电路的选择性与通频带

1. 谐振电路的选择性

串联谐振电路电流最大，分析电流与频率的关系，可获得电流的谐振曲线，如图 3-35 所示。从图中可以看出，当 $f = f_0$ 时，电流最大，频率 f 偏离谐振频率 f_0 越远，电流下降程度越大。这表明谐振电路对不同频率的信号有不同的响应。这种能把 f_0 附近的电流突显出来的特性，称为选择性。因此，串联谐振电路可以用作选频电路。

图 3-35 是 3 条品质因数大小不同的电流谐振曲线，从图中可见，品质因数越大，曲线越尖锐，选择性越好。选用高 Q 值的电路有利于从众多频率的信号中选择出所需的信号，并有效抑制其他干扰信号。

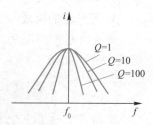

图 3-35　电流的谐振曲线

2. 通频带

一个实际信号往往不是单一频率，而是具有一定的频率范围。例如无线电调幅广播电台信号的频率宽度为 9kHz，电视广播信号的频率带宽约为 8MHz。具有一定频率范围的信号通过串联谐振电路时，要求各频率成分的电压在电路中产生的电流尽量保持原来的比例，以减少失真。实际上为了将频率失真控制在允许范围内，将电路电流 $i \geq \dfrac{1}{\sqrt{2}} I_0 = 0.707 I_0$ 的频率范围定义为该电路的通频带，用 BW 表示，如图 3-36 所示。

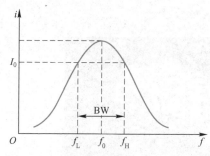

图 3-36　谐振电路的通频带

通频带的边界频率 f_H 称为上边界频率，f_L 称为下边界频率。可以推导出通频带与品质因数 Q 的关系为：

$$BW = f_H - f_L = \frac{f_0}{Q} \tag{3-43}$$

式（3-43）表明通频带 BW 与品质因数 Q 成反比，Q 值越高，选择性越好，但通频带越窄；反之，Q 值越低，选择性越差，但通频带越宽。实际应用中，既要考虑选择性好，又要兼顾通频带的宽度。

任务 3.6 荧光灯电路装接与检测

❖ 布置任务

你知道荧光灯电路是怎么样的吗？应该如何安装和检测呢？让我们一起来学习吧！

1. 荧光灯的组成

荧光灯是家庭照明的主要设备之一，大家也比较熟悉，由灯管、镇流器和辉光启动器组成，分别如图 3-37 ~ 图 3-39 所示。

图 3-37 荧光灯灯管

荧光灯灯管是一个在真空情况下充有一定数量的氩气和少量水银的玻璃管，管的内壁涂有荧光材料，两个电极用钨丝绕制而成，上面涂有一层加热后能发射电子的物质。管内氩气既可帮助灯管点燃，又可延长灯管寿命。

镇流器又称限流器，是一个带有铁心的电感线圈，其作用有：在灯管启辉瞬间产生一个比电源电压高得多的自感电压帮助灯管启辉；灯管工作时限制通过灯管的电流不致过大而烧毁灯丝。

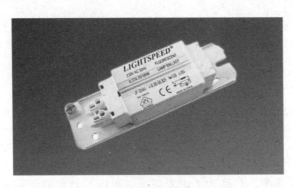

图 3-38 镇流器

图 3-39 辉光启动器

辉光启动器由一个启动管（氖泡）和一个小容量的电容组成。氖泡内充有氖气，并装有两个电极，一个是固定的静触片，另一个是用膨胀系数不同的双金属片制成的倒 "U" 型可动的动触片，辉光启动器在电路中起自动开关作用。电容的作用是吸收辉光放电产生的谐波，以免影响电视、收音机等设备的正常运行。

2. 荧光灯的工作原理

荧光灯的电路如图 3-40 所示,当接通电源瞬间,由于灯管没有工作,电源电压都加在辉光启动器内氖泡的两电极之间,电极瞬间击穿,管内的气体导电,使"U"形的双金属片受热膨胀伸直而与固定电极接通,这时荧光灯的电极通过辉光启动器与电源构成一个闭合回路,如图 3-40a 所示。荧光灯电极因有电流(称为启动电流或预热电流)通过而发热,从而使电极上的氧化物发射电子。同时,辉光启动器两端电极接通后电极间电压为零,辉光启动器停止放电。由于接触电阻小,双金属片冷却,当冷却到一定程度时,双金属片恢复到原来状态,与固定片分开。

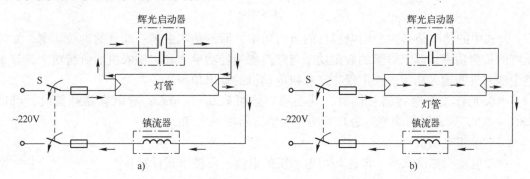

图 3-40 荧光灯电路

在此瞬间,电路中的电流突然断电,于是镇流器两端产生一个比电源电压高得多的感应电压,连同电源电压一起加在灯管两端,使灯管内的惰性气体电离而产生弧光放电。随着管内温度的逐步升高,水银蒸气游离并猛烈地碰撞惰性气体而放电。水银蒸气弧光放电时,辐射出紫外线,紫外线激励灯管内壁的荧光粉后发出可见光,如图 3-40b 所示。

任务 3.7 家庭电气线路的设计

❖ 布置任务

根据提供的房屋平面图,结合自身考虑的装修风格进行室内电气线路的设计,包括用电负荷计算、开关及线材等配件选型,还有插座和开关等布局图及配电图等,并查找相关资料选定配件及线材的品牌,统计各配件及线材的用量,预算家庭装修电工部分的费用。

3.7.1 家庭用电负荷计算

1. 分支负荷电流的计算

住宅用电负荷与各分支电路负荷紧密相关。电路负荷的类型不同,其负荷电流的计算方法也不同。电路负荷一般分为纯电阻性负荷和感性负荷两类。

(1)纯电阻性负荷

纯电阻性负荷有白炽灯、电热器等,其电流可按下式计算:

$$I = \frac{P}{U}$$

例：一只额定电压220V，功率为1000W的电炉，其电流为：

$$I = 1000W/220V \approx 4.55A$$

（2）感性负荷

感性负荷有荧光灯、电视机、洗衣机等，其负荷电流可按下式计算：

$$I = \frac{P}{U\cos\phi}$$

公式中的功率是指整个用电器具的负荷功率，而不是其中某一部分的负荷功率。如荧光灯的负荷功率，等于灯管的额定功率与整流器消耗功率之和；洗衣机的负荷功率，等于整个洗衣机的输入功率，而不仅指洗衣机电动机的输出功率。

当荧光灯没有电容器补偿时，其功率因数可取0.5 ~ 0.6；有电容器补偿时，可取0.85 ~ 0.9。荧光灯的功率应为灯管功率与整流器功率之和。

（3）单相电动机

单相电动机如洗衣机、电冰箱用电动机的电流，可按下式计算：

$$I = \frac{P}{U\eta\cos\phi}$$

式中，η 为电动机的效率。如果电动机铭牌上无功率因数和效率数据可查，则电动机的功率因数和效率都可取0.75。

例：一台单相吹风电动机，功率为750W，正常工作时的电流为：

$$I = \frac{750}{220 \times 0.75 \times 0.75}A \approx 6.06A$$

2. 家庭用电总负荷电流的计算

家庭用电总负荷电流并不等于所有用电设备电流之和，而是要考虑这些用电设备的同时用电率，总负荷电流的计算公式为：

总负荷电流 = 用电量最大的一台家用电器的额定电流＋同时用电率 × 其余用电设备的额定电流之和

一般家庭同时用电率可取0.5 ~ 0.8，家用电器越多，此值取得越小。空调1P = 1马力 = 735W。

家庭用电量与设置规格的选用如表3-1所示。

表3-1　家庭用电量与设置规格选用

套型	使用面积 /m²	用电负荷 /kW	计算电流 /A	进线总开关脱扣器额定电流 /A	电能表容量 /A	进户线规格 /mm²
一类	50 以下	5	20.20	25	10(40)	BV－3×4
二类	50 ~ 70	6	25.30	30	10(40)	BV－3×6
三类	75 ~ 80	7	35.25	40	10(40)	BV－3×10

（续）

套型	使用面积 /m²	用电负荷 /kW	计算电流 /A	进线总开关脱扣器额定电流 /A	电能表容量 /A	进户线规格 /mm²
四类	85 ~ 90	9	45.45	50	15(60)	BV — 3 × 16
五类	100	11	55.56	60	15(60)	BV — 3 × 16

3.7.2 导线的选择

1. 按电源电压选择

通常使用的电源有单相 220V 和三相 380V。不论是 220V 供电电源，还是 380V 供电电源，导线均应采用耐压 500V 的绝缘导线；而耐压 250V 的聚氯乙烯塑料绝缘软导线（俗称为胶质线或花线），只能用作吊灯用导线，不能用于布线。

2. 根据不同的用途选择

导线型号的含义如图 3-41 所示，根据不同的用途可以选择不同型号的导线。

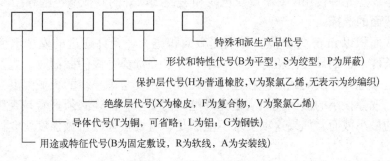

特殊和派生产品代号
形状和特性代号(B为平型，S为绞型，P为屏蔽)
保护层代号(H为普通橡胶，V为聚氯乙烯，无表示为纱编织)
绝缘层代号(X为橡皮，F为复合物，V为聚氯乙烯)
导体代号(T为铜，可省略；L为铝；G为钢铁)
用途或特征代号(B为固定敷设，R为软线，A为安装线)

图 3-41 导线型号的含义

3. 导线颜色的选择

敷设导线时，相线 L、零线 N 和保护零线 PE 应采用不同颜色的导线。导线颜色的相关规定见表 3-2。

表 3-2 导线颜色的相关规定

类别	颜色标志	线别	备注
用途导线	黄色 绿色 红色 浅蓝色	相线　L₁ 相 相线　L₂ 相 相线　L₃ 相 零线或中性线	U 相 V 相 W 相
保护接地（接零）中性线（保护零线）	绿 / 黄双色	保护接地（接零）中性线（保护零线）	颜色组合 3：7
二芯线（供单相电源用）	红色 浅蓝色	相线 零线	

（续）

类别	颜色标志	线别	备注
三芯线（供单相电源用）	红色 浅蓝色（或白色） 绿／黄色（或黑色）	相线 零线 保护零线	
三芯线（供三相电源用）	黄、绿、红色	相线	无零线
四芯线（供三相四线制用）	黄、绿、红色 浅蓝色	相线 零线	

在装修装饰中，如果住户自己布线，因条件限制，往往不能按规定要求选择导线颜色，这时可遵照以下要求使用导线：相线可使用黄色、绿色或红色中的任一种颜色，但不允许使用黑色、白色或绿／黄双色的导线。零线可使用黑色导线，没有黑色导线时，也可用白色导线。零线不允许使用红色导线。保护零线应使用绿／黄双色的导线，如无此种颜色导线，也可用黑色的导线。但这时零线应使用浅蓝色或白色的导线，以便两者有明显的区别。保护零线不允许使用除绿／黄双色线和黑色线以外的其他颜色的导线。

4. 导线截面的选择

导线的截面积以 mm² 为单位。导线的截面积越大，允许通过的安全电流就越大。在同样的使用条件下，铜导线比铝导线可以小一号。在选择导线的截面时，主要是根据导线的安全载流量来选择导线的截面。在选择导线时，还要考虑导线的机械强度。有些负荷小的设备，虽然选择很小的截面就能满足允许电流的要求，但还必须查看是否满足导线机械强度所允许的最小截面，如果这项要求不能满足，就要按导线机械强度所允许的最小截面重新选择。

铜芯导线截面的选择如表 3-3 所示。

表 3-3　铜芯导线截面的选择

导线截面积 /mm²	最大电流 /A	电器设备功率 /W	备注
1.0	6	1200	照明
1.5	10	2000	照明
2.0	12.5	2500	照明
2.5	15	3000	普通插座、电冰箱等
4	25	7000	热水器、空调等大功率电器
6	35	10740	单独设置的大功率电器插座
9	54	12000	进线
10	60	13500	进线

随着生活水平的提高，厨房的家用电器日益增多。因此建议厨房使用单独一路 4mm² 铜芯线。

任务 3.8　室内照明电路的安装

❖ 布置任务

安装一室一厅的照明电路，要求：

1）布置两盏灯，一盏为客厅的荧光灯，由单控开关控制，另一盏为卧室照明灯，由双控开关控制。

2）两个插座，一个五孔插座，一个两孔插座。

3）客厅进线处安装断路器。

1.布线技术要求

1）配线时，相线与零线的颜色应不同。同一住宅配线颜色应统一，相线（L）宜用红色，零线（N）宜用蓝色或黄色，保护零线（PE）必须用黄绿双色线。

2）为防止漏电，导线之间和导线对地之间的电阻必须大于0.5MΩ。

3）安装插座、开关时，必须要按"相线（火线）进开关，地在上"的规定接线。

4）插座、开关以及明敷设线路应横平竖直、整齐美观、合理布局，相线和零线并排走线。

2.塑料护套线敷设方法

护套线是一种有塑料保护层的双芯或多芯绝缘导线，它有铜芯和铝芯两大类，目前应用最广的是铜芯护套线。

照明电路采用的是塑料护套线布线，它可直接敷设在墙壁及其他建筑物表面，用铝片线卡（俗称钢精轧片）或塑料线卡作为导线的支持物。这种布线方法属于直敷布线方式，具有防潮、耐酸和耐腐蚀，电路造价较低和安装方便等优点，广泛应用于家庭及类似场所，尤其是在工地工棚、临时建筑、仓库等场所普遍采用。

（1）用铝片线卡安装护套线

用铝片线卡进行塑料护套线配线的步骤为：定位→画线→固定铝片线卡→敷设导线→铝片线卡夹持。

1）定位与画线。

根据电气布置图，分析并确定导线的走向和各个电器安装的具体位置，用弹线袋或墨线画线，要求横平竖直，垂直位置吊铅垂线，水平位置一般通过目测画线，对于初学者可通过直尺测量再结合目测法来画线。同时按护套线的安装要求，每隔120 ~ 200mm画出线卡位置，弯角处线卡离弯角顶点的距离为50 ~ 100mm，离开关、灯座的距离为50mm。

2）固定铝片线卡。

根据每一线条上导线的数量选择合适型号的铝片线卡，铝片线卡的型号由小到大为0、1、2、3、4号等，号码越大，长度越长。在室内外照明电路中，通常用0号和1号铝片线卡。铝片线卡的夹持方法如图3-42所示。

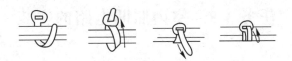

图 3-42　铝片线卡的夹持方法

3）敷设护套线。

导线敷设工作是保证塑料护套线敷设质量的重要环节，不可使导线产生扭曲现象。

首先将导线按需要放出一定的长度，用钢丝钳将其剪断，然后敷设。敷设时，一只手拉紧导线，另一只手将导线固定在铝线卡上。如需转弯时，弯曲半径不应小于护套线宽度的 3 ～ 6 倍，转弯前后应各用一个铝线卡夹住。用塑料线卡安装护套线，如图 3-43 所示。

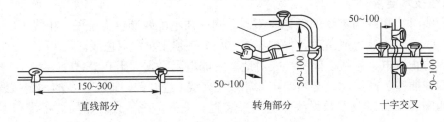

直线部分　　　　转角部分　　　　十字交叉

图 3-43　用塑料线卡安装护套线

（2）用塑料线卡安装护套线

用塑料线卡（如图 3-44a 所示）进行塑料护套线敷设，应先放线，再固定线卡，塑料线卡的敷设方法如图 3-44b 所示。其间距要求与铝片线卡塑料护套线敷设要求相同。

a)　　　　　　　　　　　　b)

图 3-44　塑料线卡及敷设方法

a）塑料线卡　b）塑料线卡的敷设方法

3. 开关安装方法

开关是用来控制灯具等电器电源通断的器件。在照明电路中，常用的电源开关有拉线开关和平开关，现在家装一般用平开关。常用开关按功能可分为单控开关和双控开关。单控开关是最常用的一种开关，即一个开关控制一组线路。双控开关是两个开关控制一组线路，可以实现楼上楼下同时控制。

（1）开关安装的技术要求

1）照明开关或暗装开关一般安装在门边便于操作的地方，开关位置与灯具相对应。所有开关翘板接通或断开的上下位置应一致。

2）翘板开关距地面高度一般为 1.2 ～ 1.4m，距门框为 150 ～ 200mm。

3）拉线开关距地面高度一般为 2.2 ～ 2.8m，距门框为 150 ～ 200mm。

4）暗装开关的盖板应端正、严密并与墙面平。

5）明线敷设的开关应安装在不小于 15mm 的木台上。

6）多尘潮湿场所（如浴室）应用防水瓷质拉线开关或加装保护箱。

（2）开关的安装方式

开关的安装方式有明装和暗装。暗装开关一般要配合土建施工过程预埋开关盒，待土建施工结束后再安装开关。明装开关一般在土建完工后安装。

平开关主要由面板、翘板和触点3部分组成。平开关暗装的安装方法是：在墙上准备安装开关的地方，凿制出一只略大于开关接线暗盒的墙孔埋设（嵌入）接线暗盒，并用砂灰或水泥把接线盒固定在孔内。注意：选用接线暗盒应与所用暗开关盒尺寸相符；埋入的接线暗盒应事先敲去相应的敲落孔，以便穿导线卸下开关面板后，把两根导线头分别插入开关底板的两个接线孔，并用木螺钉将开关底板固定在开关接线暗盒上，然后再盖上开关面板。

4. 插座安装方法

插座是供移动电器设备（如台灯、电风扇、电视机、洗衣机等）连接电源用的。插座分固定式和移动式。

（1）插座安装的技术要求

1）接地要求。

凡携带式或移动式电器用插座，单相应用三孔插座，三相用四孔插座，其接地孔应与接地线或零件接牢。

2）安装高度要求。

① 明装插座离地面的高度应不低于1.3m，一般为1.5～1.8m；暗装插座允许低装，但距地面高度不低于0.3m。

② 儿童活动场所的插座应用安全插座，采用普通插座时，安装高度不应低于1.8m。

③ 同一室内安装的插座高度差不应大于5mm，成排安装的插座高度差不应大于2mm。

3）接线要求。

装单相插座时，两孔插座的左边插孔接线柱接电源的零线（N），右边插孔接线柱接电源的相线（L），即"左零右相"。三孔插座的上方插孔接线柱接地线（E），左边插孔接线柱接电源的零线，右边插孔接线柱接电源的相线，即"左零右相上接地"，单相插座接线如图3-45所示。

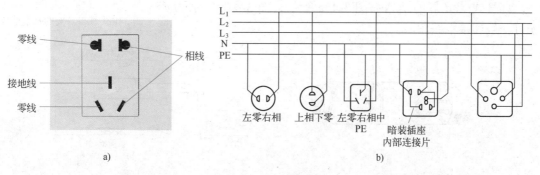

图 3-45　单相插座接线

a）实物图　b）原理图

（2）插座的安装方法

插座的安装方式分为暗装和明装，明装插座和暗装插座的安装方法分别如下。

1）明装插座的安装。

在墙上准备安装插座的地方居中钻1个小孔，塞上木枕。对准插座上穿线孔的位置，在木台上钻3个穿线孔和1个木螺钉孔，再把穿入线头的木台固定在木枕上，卸下插座盖，把3根线头分别穿入木台上的3个穿线孔。再把3根线头分别接到插座的接线柱上，插座上孔接插座的保护接地线，插座下面的两个孔接电源线（左孔接零线，右孔接相线），不能接错。

2）暗装插座的安装。

暗装插座与暗装开关的安装方法大致相同。先将接线暗盒按定位要求埋设（嵌入）在墙内，埋设时用水泥砂浆填充，但要注意埋设平整，不能偏斜，暗装插座盒口面应与墙的粉刷层面保持一致，卸下暗装插座面板，把穿过接线暗盒的导线线头分别插入暗装插座底板的3个接线孔内，插座上孔插入保护接地线线头，插座下面的两个小孔插入电源线线头（左孔插入零线线头，右孔插入相线线头），固定暗装插座，盖上插座面板。

5. 照明灯具安装方法

在日常生活和工作中，照明灯具起着极其重要的作用。良好的照明能丰富人们的生活，提高学习、工作的效率，减少眼疾和事故。常用照明灯具有白炽灯、荧光灯等。

（1）照明灯具安装一般要求

1）安装前，灯具及其配件应齐全，并应无机械损伤、变形、油漆剥落和灯罩破裂等缺陷。

2）根据灯具的安装场所及用途，引向每个灯具的导线线芯最小截面应符合有关规定。

3）在砖石结构中安装电气照明装置时，应采用预埋吊钩、螺栓、螺钉、膨胀螺栓、尼龙塞或塑料塞固定；严禁使用木楔。当设计无规定时，上述固定件的承载能力应与电气照明装置的重量相匹配。

4）在变电站内，高压、低压配电设备及母线的正上方，不应安装灯具。

（2）常用照明灯具的接线

1）螺口灯头接线。

相线应接在中心触点的端子上，零线应接在螺纹的端子上。螺口灯头的基本结构如图3-46所示。

2）荧光灯的常见接线。

直管式荧光灯的结构如图3-47a所示，图3-47b所示为荧光灯一般连接电路图。

图3-46　螺口灯头的基本结构

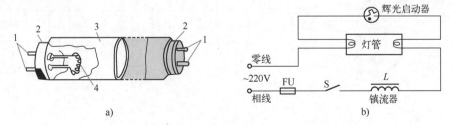

图3-47　直管式荧光灯的结构和荧光灯一般连接电路图

a）直管式荧光灯的结构　b）荧光灯一般连接电路图

1—灯脚　2—灯头　3—灯管　4—灯丝

（3）常用开关控制灯具的连接方式

1）单联开关控制一盏灯的接线方法。

单联开关控制一盏灯的电路是照明电路中最基本的电路，其原理图如图 3-48a 所示，接线方法如图 3-48b 所示。

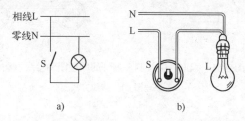

图 3-48　单联开关控制一盏灯的原理图和接线方法

a）原理图　b）接线方法

2）单联开关控制两盏灯的接线方法。

单联开关控制两盏灯，有分别控制（两只单联开关分别控制两盏灯）和同时控制（一只单联开关同时控制两盏灯）两种形式。两只单联开关分别控制两盏灯的原理图和接线方法如图 3-49 所示，一只单联开关同时控制两盏灯（或多盏灯）的原理图和接线方法如图 3-50 所示。

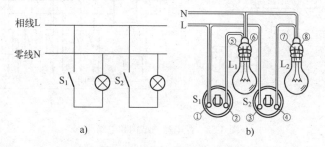

图 3-49　两只单联开关分别控制两盏灯原理图和接线方法

a）原理图　b）接线方法

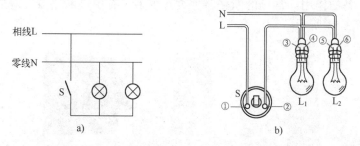

图 3-50　一只单联开关同时控制两盏灯的原理图和接线方法

a）原理图　b）接线方法

3）双联开关控制一盏灯的接线方法。

双联开关控制一盏灯接线原理图如图 3-51a 所示，双联开关控制一盏灯的接线方法如图 3-51b 所示。

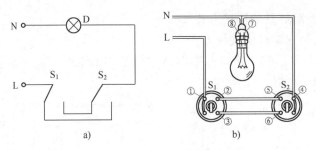

图 3-51 双联开关控制一盏灯的原理图和接线方法

a）原理图 b）接线方法

6. 配电盘安装方法

室内配电盘的主要作用是将引入室内的电力分为有序、用电合理的多个分支，以维持各个支路上不同家用电器的正常运行，确保输配电路的畅通、安全。

（1）配电盘的设计原则

配电盘主要是由各种功能的断路器组成的。配电盘的结构如图 3-52a 所示，配电盘的电路图如图 3-52b 所示。

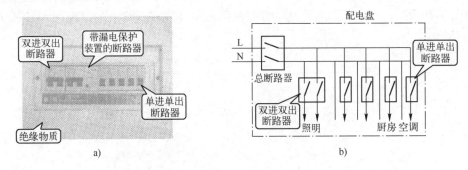

图 3-52 配电盘的结构和电路图

a）配电盘的结构 b）配电盘的电路图

断路器是具有过电流保护功能的开关。如果电流过大，断路器会自动断开，起到保护电度表及用电设备的作用。常见的断路器种类有很多，有单进断路器、双进断路器和多进断路器等，如图 3-53 所示。

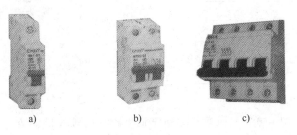

图 3-53 断路器外形

a）单进断路器 b）双进断路器 c）多进断路器

（2）配电盘的选配原则

配电盘中主要的部件就是断路器，选购断路器等器材的时候，一定要选择质量高、品牌佳的产品，不可使用劣质品。通常情况下，最好选择带有漏电保护器的双进双出的断路器作为支路断路器，但是照明支路选择单进单出的控制开关即可。如果空调支路使用了带有漏电保护器的断路器作为支路断路器，少许的漏电就会使空调支路出现频繁的跳闸，以至于空调根本就没办法工作了。

（3）配电盘的支路个数选择

配电盘中设计几个支路，配电盘上就应该有几个控制支路的断路器。也有的配电盘上除了支路断路器以外，还带有一个总断路器，这个总断路器与配电箱中的总断路器的功能是一样的。在设计配电盘支路的时候，没有固定的原则，在家庭用电线路中单相交流电通过配电箱（一户一表）进入单元住户，再由住户根据家用电器的功率大小以及使用环境的不同进行适当的分支，这里按照不同电器的使用环境进行配电分配，即客厅支路、厨房支路、卫生间支路、主卧室支路及次卧室支路；也可以按照家用电器使用功率的大小和使用环境相结合进行配电分配，即照明支路、普通插座支路、空调支路、厨房支路及卫生间支路。也可根据室内供电电路使用的电气设备的不同，分为小功率供电电路和大功供电电路两大类。小功率供电电路和大功率供电电路没有明确的区分界限，通常情况下，将功率在1000W以上的电器所使用的电路称为大功率供电电路，1000W以下的电器所使用的电路称为小功率供电电路。也就是说，可以将照明支路、普通插座支路归为小功率供电电路，而将厨房支路、卫生间支路、空调支路归为大功率供电电路。

支路断路器的额定电流应选择大于该支路中所有可能会同时使用的家用电器的总的电流量。

（4）配电盘的安装

配电盘应安装在干燥、无震动和无腐蚀气体的场所（如客厅），配电盘的下沿离地一般应大于或等于1.3m。图3-54所示为某一家庭两室一厅的配电盘安装电路。

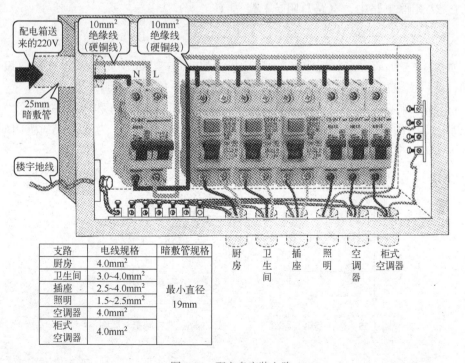

支路	电线规格	暗敷管规格
厨房	4.0mm²	
卫生间	3.0~4.0mm²	最小直径 19mm
插座	2.5~4.0mm²	
照明	1.5~2.5mm²	
空调器	4.0mm²	
柜式空调器	4.0mm²	

图 3-54　配电盘安装电路

3.9 习题

一、选择题

1. 正弦量的三要素是指（   ）。

A. 振幅、频率、周期   B. 最大值、频率、相位

C. 有效值、角频率、周期   D. 振幅、角频率、初相位

2. 两个正弦交流电电流的解析式是 $i_1 = 10\sin\left(314t + \dfrac{\pi}{6}\right)$A ， $i_2 = \sin\left(314t - \dfrac{\pi}{6}\right)$A 。这两个交流电流相同的量是（   ）。

A. 最大值   B. 有效值   C. 周期   D. 初相

3. 一交流电流，当 $t = 0$ 时， $i_0 = 1$A ，初相位为 $30°$ ，则这个交流电的有效值为（   ）。

A. 0.5A   B. 1.414A   C. 1A   D. 2A

4. 两个同频率正弦交流电流 i_1、i_2 的有效值各为 40A 和 30A。当 $i_1 + i_2$ 的有效值为 10A 时， i_1 与 i_2 的相位差是（   ）。

A. 0°   B. 180°   C. 90°   D. 270°

5. 在纯电感电路中，下列各式正确的为（   ）。

A. $I = U/L$ B. $I = u/X_L$ C. $I = \omega L U$ D. $I = U/\omega L$

6. 已知电流 $i = 4\sqrt{2}\sin(314t - 45°)$A ，当它通过 2 Ω 的电阻时，电阻所消耗的功率是（   ）W。

A. 32   B. 8   C. 16   D. 64

7. 在 RL 串联电路中，电路总阻抗 $|Z|$ 为（   ）。

A. $\sqrt{R^2 - X_L^2}$ B. $X_L + R$ C. $\sqrt{R^2 + X_L^2}$ D. $\arctan\angle\dfrac{X_L}{R}$

8. 如图 3-55 所示，当交流电源的电压 U 为 220V，频率为 50Hz 时，3 只白炽灯的亮度相同，现将交流电的频率改为 100Hz，则下列情况正确的是（   ）。

A. a 灯比原来亮   B. b 灯比原来亮   C. c 灯比原来暗   D. b 灯和原来一样亮

9. 如图 3-56 所示电路，电流表的读数分别为 A_1 为 2A ，A_2 为 6A ，A_3 为 10A ，则 A 的读数为（   ）。

A. 10A   B. 18A   C. 2A   D. $6\sqrt{2}$A

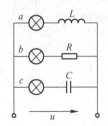 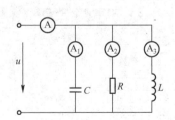

图 3-55　选择题第 8 题图   图 3-56　选择题第 9 题图

10. 在 RLC 串联电路中，视在功率 S、有功功率 P、无功功率 Q 三者的关系是（　　　）。

A. $S = P + Q$　　　　B. $S = P - Q$　　　　C. $S^2 = P^2 + Q^2$　　　　D. $S^2 = P^2 - Q^2$

二、判断题

1. 用交流电压表测得交流电压是 220V，则此交流电压的最大值是 $220\sqrt{3}$V。（　　）

2. 一只额定电压为 220V 的白炽灯，可以接在最大值为 311V 的交流电源上。（　　）

3. 用交流电表测得交流电的数值是平均值。（　　）

4. 电感性负载并联一只适当数值的电容器后，可使电路中的总电流减小。（　　）

5. 只有在纯电阻电路中，端电压与电流的相位差才为零。（　　）

6. 某电路两端的端电压为 $u = 220\sqrt{2}\sin(314t + 30°)$V，电路中的总电流为 $i = 10\sqrt{2}\sin(314t - 30°)$A，则该电路为电感性电路。（　　）

7. 在 RLC 串联电路中，若 $X_L > X_C$，则该电路为电感性电路。（　　）

8. 在 RLC 串联电路中，若 $X_L = X_C$，这时电路的端电压与电流的相位差为零。（　　）

9. 谐振电路的品质因数越高，则电路的通频带也就越宽。（　　）

10. 在正弦交流电中，总电压 $u(t) = 10\sqrt{2}\sin(100\pi t + 60°)$ V $= 10\angle 60°$V。（　　）

三、填空题

1. 已知交流电压 $u = 220\sqrt{2}\sin(314t - 30°)$ V，则正弦电压的最大值为____，有效值为____，相位为____，初相位为____，角频率为____，周期为____，频率为____。若电路接上一纯电感负载 $X_L = 220\Omega$，则电流的瞬时值表达式是_____，并画出此电路电压，电流的相量图_____。

2. 在 RLC 交流串联电路中，当 $X_L > X_C$ 时，电路呈_____性；当 $X_L < X_C$ 时，电路呈_____性；当 $X_L = X_C$ 时，电路呈_____性，电路发生_____现象，此时电路中阻抗 $|Z|$_____，电流_____。

3. 一个电感为 100mH，电阻可不计的线圈，接在 220V、50Hz 的交流电源上，线圈的感抗是_____，线圈中的电流是_____。

4. 正弦交流电压 $u = 220\sin\left(100\pi t + \dfrac{\pi}{3}\right)$V，将它加在 100Ω 电阻两端，每分钟放出的热量为_____；将它加在 $C = \dfrac{1}{\pi}\mu F$ 的电容两端，通过该电容的电流瞬时值表达式为_____；将它加在 $L = \dfrac{1}{\pi}H$ 的电感线圈两端，通过该电感的电流瞬时值表达式为_____。

5. 交流电路中，P 称为_____，单位是____，它是电路中_____元件消耗的功率；Q 称为_____，单位是____，它是电路中_____或_____元件与电源能量交换时瞬时功率的最大值；S 称为_____，单位是____，它是_____提供的总功率。

6. 纯电阻电路的功率因数为_____，纯电感电路的功率因数为_____，纯电容电路的功率因数为_____。

7. 图 3-57a 中电压表读数 $V_1 = 5V$，$V_2 = 5V$，$V = 5V$，则 V_3 的读数为_____。图 3-57b 中电流表 A_1 的读数为 5A，A_2 的读数为 5A，则 A 的读数为_____。

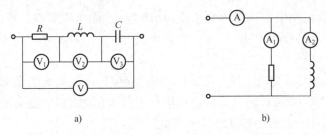

图 3-57 填空题第 7 题图

8. 交流电路相量图如图 3-58 所示，在相量图下方的横线上写出对应的电路名称。

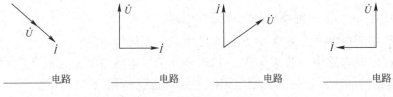

_____电路　　　　_____电路　　　　_____电路　　　　_____电路

图 3-58 填空题第 8 题图

9. 负载的功率因数低，给整个电路带来的不利因素表现为：一是电源设备_____；二是输电线路上的_____。

10. 如图 3-59 所示，正弦交流电的瞬时值表示式为_____。

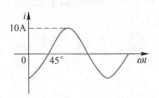

图 3-59 填空题第 10 题图

四、综合题

1. 电流 $i=10\sin\left(100\pi t-\dfrac{\pi}{3}\right)$A，问它的三要素各为多少？在交流电路中，有两个负载，已知它们的电压分别为 $u_1=60\sin\left(314t-\dfrac{\pi}{6}\right)$V，$u_2=80\sin\left(314t+\dfrac{\pi}{3}\right)$V，求总电压 u 的瞬时值表达式，并说明 u、u_1、u_2 三者的相位关系。

2. 两个频率相同的正弦交流电流，它们的有效值是 $I_1=8$A，$I_2=6$A，求在下面各种情况下，合成电流的有效值。

1）i_1 与 i_2 同相。

2）i_1 与 i_2 反相。

3）i_1 越前 $i_2$90°。

4）i_1 滞后 $i_2$60°。

3. 把下列正弦量的时间函数用相量表示。

（1）$u=10\sqrt{2}\sin 314t$V　　　　　　（2）$i=-5\sin(314t-60°)$A

4. 已知工频正弦电压 u_{ab} 的最大值为 311V，初相位为 $-60°$，其有效值为多少？写出其瞬时值表达式；当 $t = 0.0025s$ 时，u_{ab} 的值为多少？

5. 图 3-60 所示正弦交流电路，已知 $u_1 = 220\sqrt{2}\sin314t$ V，$u_2 = 220\sqrt{2}\sin(314t-120°)$ V，试用相量表示法求电压 u_a 和 u_b。

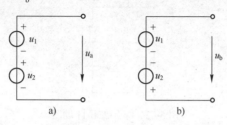

图 3-60 综合题第 5 题图

6. 把 $L = 51$mH 的线圈（线圈电阻极小，可忽略不计），接在 $u = 220\sqrt{2}\sin(314t + 60°)$ V 的交流电源上，试计算：

1）X_L。

2）电路中的电流 i。

3）画出电压、电流相量图。

7. 把 $C = 140\mu$F 的电容器，接在 $u = 10\sqrt{2}\sin314t$ V 的交流电路中，试计算：

1）X_C。

2）电路中的电流 i。

3）画出电压、电流相量图。

8. 如图 3-61 所示，$U_1 = 40$V，$U_2 = 30$V，$i = 10\sin314t$ A，则 U 为多少？写出其瞬时值表达式。

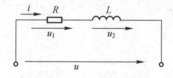

图 3-61 综合题第 8 题图

9. 有一线圈，接在电压为 48V 的直流电源上，测得电流为 8A。然后再将这个线圈改接到电压为 120V、50Hz 的交流电源上，测得的电流为 12A。试问线圈的电阻及电感各为多少？

10. 用下列各式表示 RC 串联电路中的电压、电流，哪些是对的？哪些是错的？

（1）$i = \dfrac{u}{|Z|}$　　　　　　　（2）$I = \dfrac{U}{R + X_C}$　　　　　　（3）$\dot{I} = \dfrac{\dot{U}}{R - j\omega C}$

（4）$I = \dfrac{U}{|Z|}$　　　　　　　（5）$U = U_R + U_C$　　　　　　（6）$\dot{U} = \dot{U}_R + \dot{U}_C$

（7）$\dot{I} = -j\dfrac{\dot{U}}{\omega C}$　　　　　　　（8）$\dot{I} = j\dfrac{\dot{U}}{\omega C}$

11. 有一 RC 串联电路，接于 50Hz 的正弦电源上，如图 3-62 所示，$R = 100\Omega$，

$C = \dfrac{10^4}{314}\mu\text{F}$，电压相量 $\dot{U} = 200\underline{/0°}\text{V}$，求复阻抗 Z、电流 $\dot{I}$、电压 $\dot{U}_C$，并画出电压电流相量图。

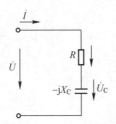

图 3-62　综合题第 11 题图

12. 有一 RL 串联的电路，接于 50Hz、100V 的正弦电源上，测得电流 $I = 2\text{A}$，功率 $P = 100\text{W}$，试求电路参数 R 和 L。

13. 有一 RLC 串联的交流电路，已知 $R = X_L = X_C = 10\,\Omega$，$I = 1\text{A}$，试求电压 U、U_R、U_L、U_C 和电路总阻抗 $|Z|$。

14. 今有一个 40W 的荧光灯，使用时灯管与镇流器（可近似把镇流器看作纯电感）串联电压为 220V、频率为 50Hz 的电源。已知灯管工作时属于纯电阻负载，灯管两端的电压为 110V，试求镇流器上的感抗和电感。这时电路的功率因数等于多少？若将功率因数提高到 0.8，问应并联多大的电容器？

15. 有一 RLC 串联电路，其中 $R = 15\,\Omega$，$L = 60\text{mH}$，$C = 25\mu\text{F}$，外加电压 $u = 100\sqrt{2}\sin 1000t\,\text{V}$。试求：1）复阻抗 Z，并确定电路的性质。

2）I、U_R、U_L、U_C。

3）P、Q、S。

16. 如图 3-63 所示的 RLC 串联电路，$R = 40\,\Omega$，$X_L = 70\,\Omega$，$X_C = 40\,\Omega$，给电路通上正弦交流电，测得电阻两端的电压 $U_R = 120\text{V}$，求 I、U_L、U_C、U 及电路的功率因数。

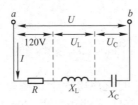

图 3-63　综合题第 16 题图

项目4 小型变压器的制作与测试

知识目标

- 熟悉互感线圈同名端的判断方法。
- 熟悉小型变压器的结构。
- 熟悉小型变压器的设计方法。
- 熟悉小型变压器的制作与测试方法。

能力目标

- 会判断互感器同名端。
- 会绕制和测试小型变压器。

任务 4.1　小型变压器的基础知识

❖ 布置任务

变压器是怎样改变电压的？变压器只能改变电压吗？让我们一起来学习吧！

4.1.1　互感与互感系数

1. 自感现象

线圈中通以电流时会产生磁通，使其具有磁链，直流电产生的磁通为不变磁通，交流电产生变化磁通、变化磁链。变化磁通在线圈自身两端引起了自感电压，这种现象称为自感现象。

2. 互感现象

图 4-1 所示为互感线圈。两个相邻放置的线圈 1 和 2，它们的匝数分别为 N_1 和 N_2。当 N_1 线圈通入交变电流，线圈 1 中产生自感磁链与自感磁通，其中的部分或全部会穿过线圈 2，在其中产生互感磁链与互感磁通，进而产生感应电压。同理，线圈 2 通入变化的电流，也要在线圈 1 中产生感应电压。由于一个线圈的电流变化而在另一个线圈中产生感应电压的现象称为互感现象或互感耦合。

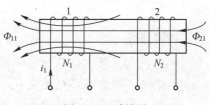

图 4-1　互感线圈

3. 互感系数和耦合系数

为了反映一个线圈的电流在另一个线圈中产生磁链的能力，引入互感的概念。

关联参考方向下，互感磁链与产生互感磁链的电流的比值称为互感系数，简称为互感。即

$$M = \frac{\Psi_{21}}{i_1} = \frac{\Psi_{12}}{i_2} \tag{4-1}$$

其中，磁链 Ψ 是通电线圈（或电流回路）所链环的磁通量，若通电线圈匝数为 N，穿过线圈各匝的平均磁通量为 Φ，则 $\Psi = N\Phi$。

国际单位制中，互感的单位与电感相同，为亨利（H）。其他单位还有毫亨（mH）、微亨（μH）。

与电感 L 一样，互感 M 的大小与电流无关，与两个线圈的几何尺寸、匝数、相对位置有关。

工程上常用耦合系数 K 来表示两线圈的耦合松紧程度，其定义为 $M = K\sqrt{L_1 L_2}$，

则：

$$K = \frac{M}{\sqrt{L_1 L_2}} \tag{4-2}$$

由于互感磁通是自感磁通的一部分，所以 $K \leqslant 1$。K 值越大，说明两个线圈之间耦合

越紧。当 $K=1$ 时，称全耦合；当 $K=0$ 时，说明两线圈没有耦合。

耦合系数 K 的大小与两线圈的结构、相互位置以及周围磁介质有关。图 4-2a 所示的两线圈绕在一起，其 K 值可能接近 1。相反，如图 4-2b 所示，两线圈相互垂直，其 K 值可能近似为零。由此可见，改变或调整两线圈的相互位置，可以改变耦合系数 K 的大小。

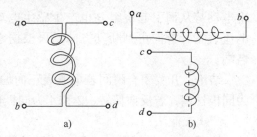

图 4-2 不同绕制方式的互感线圈
a）两线圈绕在一起 b）两线圈相互垂直

4.1.2 同名端

1. 同名端的标记

互感线圈的同名端是这样规定的：如果两个互感线圈的电流 i_1 和 i_2 所产生的磁通是相互增强的，那么，两电流同时流入（或流出）的端钮就是同名端；如果磁通相互削弱，则两电流同时流入（或流出）的端钮就是异名端。同名端用标记 "·" "*" 或 "△" 标出，另一端则无须再标。图 4-3a 所示标出互感线圈的同名端。

同名端总是成对出现的，若是有两个以上的线圈彼此间都存在磁耦合，同名端应一对一对地加以标记，每一对须用不同的符号标出，如图 4-3b 所示。

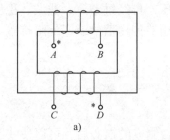
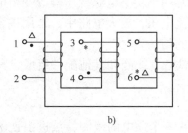

图 4-3 同名端的标记
a）互感线圈同名端 b）两个以上线圈同名端

2. 同名端的测定

同名端的测定有观察法和实验法，观察法即根据绕组的绕向判断，取绕组上端为首端，下端为末端。绕向相同时，首端和首端为同名端，尾端和尾端为同名端，如图 4-4a 所示；绕向相反时，首端和尾端为同名端，尾端和首端为同名端，如图 4-4b 所示。

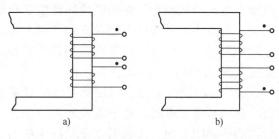

图 4-4 观察法判定同名端
a）绕向相同 b）绕向相反

实验法：对于难以知道实际绕向的两线圈，可以采用实验的方法来测定同名端，有直流法和交流法。

（1）直流法

原理：按图 4-5 电路连接，A 和 B 为两待测绕组。开关 S 闭合瞬间，绕组 A 将产生感生电动势从而引起绕组 B 也产生感生电动势，根据电流表指针方向可判断其方向，再根据定义判断同名端。

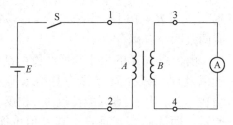

图 4-5 直流法判定同名端

结论：开关闭合瞬间若电流表正向偏转，1 和 3 为同极性端，若反向偏转，2 和 4 为同极性端。

（2）交流法

按图 4-6 电路连接，A 和 B 为两待测绕组。

原理：根据楞次定律可判断绕组中产生的感生电动势的方向，对于交流信号来说，若瞬时方向相同，叠加为求和，若瞬时极性相反，叠加为求差。

结论：$U_{13} = U_{12} + U_{34}$，则 1 和 4 为同极性端。
$U_{13} = U_{12} - U_{34}$，则 1 和 3 为同极性端。

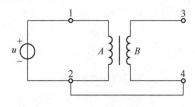

图 4-6 交流法判定同名端

4.1.3 变压器的结构与工作原理

变压器是利用电磁感应原理传输电能或电信号的器件，具有变压、变流、变阻抗等作用。例如为了减少传输过程中的电能损耗，电力系统中，发电机输出的电压要用变压器把电压升高后进行远距离传输，到目的地后再用变压器把电压降低，以方便用户使用；电子设备和仪器等常用小功率电源变压器改变市电电压，再经过整流、滤波、稳压环节，得到电路所需的直流电压；放大电路中，常用耦合变压器传递信号或匹配阻抗等。

1. 变压器的结构

变压器由铁心、线圈和其他配件组成，其基本结构是：一个闭合铁心上绕有两个匝数不同的线圈。

（1）铁心

实验表明：一个通电的线圈，放进由铁磁材料制成的铁心后，可以使线圈中的磁场比空心时增强几百倍甚至上千倍。这是由于铁磁材料内部有很多自然磁化区，相当于一个个小磁场，称为磁畴。各个磁畴磁场的排列，平时是杂乱无章的，因而宏观不显磁性。如果把它放进通有电流的线圈中，在通电线圈产生的磁场作用下，将会导致磁畴沿外磁场方向排列起来，形成附加磁场，从而导致线圈中磁场显著增强。因此变压器的线圈都是绕在铁心上的。

铁心是磁路的通道，用彼此绝缘的硅钢片叠成，目的是增加电阻，减小涡流和磁滞损耗。同时铁心还是闭合的，这么做主要是减少磁阻，降低能耗。铁心有心式和壳式两种结构。如图 4-7 所示。

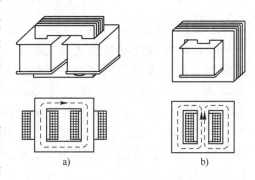

图 4-7 变压器铁心结构
a）心式 b）壳式

（2）绕组

绕组也就是绕在铁心上的线圈，是电流的载体，有一次绕组和二次绕组。一次绕组又称为原绕组，是和电源相连的线圈；二次绕组又称为副绕组，是与负载相连的线圈。

心式铁心结构的绕组分装在两个铁心柱上，结构简单，用铁量较少，适用于容量大、电压高的变压器。

壳式铁心结构的绕组装在同一个铁心上，绕组呈上下缠绕或里外缠绕，机械强度好，铁心散热好，适用于小型变压器。

（3）其他配件

变压器的其他配件有绝缘层（绝缘纸）、冷却设备（如油箱、散热器等）、铁壳或铝壳（起电磁屏蔽作用）等。

2. 变压器的图形符号

变压器的图形符号如图 4-8 所示，1、2 为一次绕组；3、4 为二次绕组；u_1、u_2 分别为输入与输出电压。

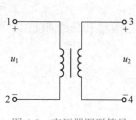　　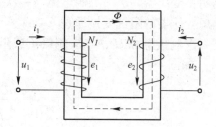

图 4-8　变压器图形符号　　　　　图 4-9　理想变压器的电路模型

3. 变压器的工作原理

当变压器的漏感、铁心的铁损、线包的铜损以及空载的励磁电流都忽略不计时，变压器可看成理想变压器。大容量变压器的这些损失较小，效率可达 98% ~ 99%，可近似看成理想变压器。

（1）理想变压器的变压原理

如图 4-9 所示，设变压器一次绕组匝数为 N_1，二次绕组匝数为 N_2，工作磁通 Φ 同时穿过一次、二次绕组，分别在其中产生感应电动势 E_1 和 E_2，根据法拉第电磁感应原理，$E_1 = -N_1 \dfrac{\mathrm{d}\Phi}{\mathrm{d}t}$，$E_2 = -N_2 \dfrac{\mathrm{d}\Phi}{\mathrm{d}t}$，则 $\dfrac{E_1}{E_2} = \dfrac{N_1}{N_2}$。忽略绕组的阻抗，$U_1 \approx E_1$，$U_2 \approx E_2$，所以

$$\frac{U_1}{U_2} = \frac{N_1}{N_2} = n \tag{4-3}$$

上式表明：变压器一次、二次电压与一次、二次绕组的匝数成正比。比值 n 称为变压器的电压比。

当 $n > 1$ 时为降压变压器，$n < 1$ 时为升压变压器，$n = 1$ 为隔离变压器。

（2）理想变压器的变流原理

理论上可以证明：线圈上所加的交流电压有效值 U 与线圈中的工作磁通 Φ 有如下关系

$$U = 4.44 f N \Phi_{\mathrm{m}} \tag{4-4}$$

其中，f 是电源频率，N 是线圈匝数。一次电压一定时，铁心中与之对应的磁通保持不变。当二次绕组带上负载后，负载电流 I_2 将在二次绕组中产生一个磁通 Φ_2，研究表明 Φ_2 与

二次绕组的匝数 N_2、电流 I_2 的积成正比，N_2I_2 称为磁动势。此时，一次电流 I_1 必须增大，电流增大的部分 I_1' 必须在一次绕组中产生磁动势 $I_1'N_1$ 与 I_2N_2 相平衡，以保持工作磁通不变。因此在数值上

$$I_1'N_1 = I_2N_2 \qquad (4\text{-}5)$$

若一次空载电流为 I_{10}，则带载一次电流 $I_1 = I_1' + I_{10}$，正常工作情况下 $I_1' \square I_{10}$，所以 $I_1 \approx I_1'$，由式（4-5）可得：$I_1N_1 = I_2N_2$，即

$$\frac{I_1}{I_2} = \frac{N_2}{N_1} = \frac{1}{n} \qquad (4\text{-}6)$$

上式表明：变压器一次、二次电流与一次、二次绕组的匝数成反比。

（3）理想变压器的阻抗变换原理

变压器一次侧接电源 U_1，二次侧接负载阻抗 Z_L，变压器和负载阻抗 Z_L 可用一个阻抗 Z_1 等效代替，如图 4-10 所示。

$$|Z_1| = \frac{U_1}{I_1} = \frac{nU_2}{\frac{1}{n}I_2} = n^2|Z_L|$$

即
$$|Z_1| = \left(\frac{N_1}{N_2}\right)^2 |Z_L| = n^2|Z_L| \qquad (4\text{-}7)$$

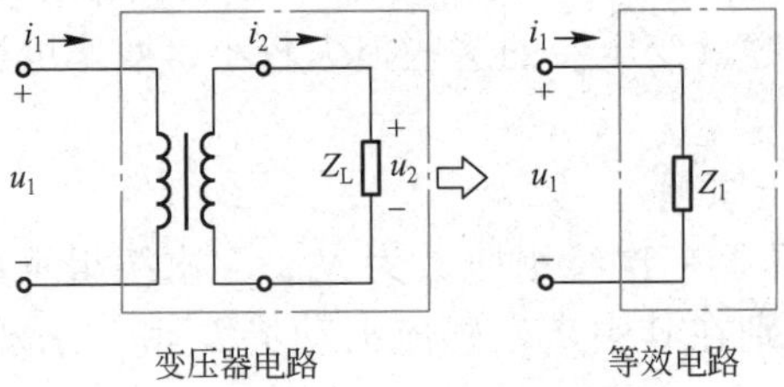

图 4-10　变压器阻抗变换

式中，N_1 和 N_2 为初级和次级线圈的匝数，n 为变压器的电压比。

【例 4-1】收音机输出电路中，最佳负载 $R_1 = 1024\Omega$，而扬声器的电阻 $R_L = 16\Omega$，若要电路匹配，变压器的电压比应为多大？

解：$R_1 = n^2R_L$

$$n = \sqrt{\frac{R_1}{R_L}} = \sqrt{\frac{1024}{16}} = 8$$

任务 4.2　变压器设计与制作

业余制作的小型电源变压器多是壳型结构的。这种变压器的铁心是 EI 型的，一次、二次绕组绕成一个线包，套在 EI 型铁心的中心柱上，图 4-11 所示为壳型变压器结构，有

夹板固定式和夹子固定式两种。

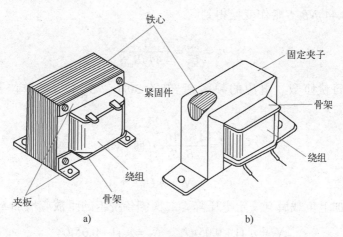

图 4-11　壳型变压器结构

a）夹板固定式　b）夹子固定式

对一个变压器进行精确的设计是比较复杂的，这里介绍一种采用经验公式设计的方法，这个方法简单、实用，初学者容易掌握。具体设计步骤如下。

（1）确定变压器功率

如果负载需要有 U_2，U_3，…，几种电压，而相应的电流分别为 I_2，I_3，…，则负载功率 $P_2 = U_2 I_2 + U_3 I_3 \cdots$。

这里用可能的最大功率——视在功率代替负载功率。

由于变压器效率 $\eta = P_2 / P_1$，故 $P_1 = P_2 / \eta$，对于小型变压器 η 取 70% ～ 85%，由 P_1 和 U_1 可求出一次电流 $I_1 = P_1 / U_1$。

（2）使用经验公式求出铁心的截面积 S（单位是 cm²）

$$S = K_0 \sqrt{P_0}$$

式中，$P_0 = (P_1 + P_2) / 2$，K_0 是由硅钢片质量来确定的系数，对于 $B_m = 10000G$（$1T = 10^4 G$）以上的硅钢片，K_0 可取小一些，对于 $B_m = 10000G$ 以下的硅钢片 K_0 应取大一些。K_0 的取值范围是 1 ～ 2。S 为有效面积，考虑到铁心由硅钢片叠成，硅钢片表面有绝缘层，有效面积应大于实际面积乘上叠厚系数 K。

因为：$S = KS'$　　所以 $S' = \dfrac{S}{K}$

K 一般取 0.9。而实际截面积 $S' = a \times b$

式中，a 为铁心舌宽（cm），b 为铁心叠厚（cm）。

通常小型变压器的舌宽与叠厚的关系为：

$$b = (1 \sim 2) a$$

根据上式可定出硅钢片的规格（舌宽）和叠厚。

（3）定出每伏匝数 n_0 和各绕组的匝数

把式子 $U = 4.44 fNB_{\mathrm{m}}S$ 略作变换得到

$$n_0 = \frac{N}{U} = \frac{1}{4.44 fB_{\mathrm{m}}S}$$

式中，n_0 为每伏匝数。电源的频率 f 已知为 50Hz，B_{m} 和 S 的单位若改为 G 和 cm²，则得：

$$n_0 = \frac{4.5 \times 10^5}{B_{\mathrm{m}}S} \quad （匝/V）$$

一次线圈匝数 $\qquad\qquad\qquad N_1 = n_0 U_1$

考虑到二次线圈加上负载后有一定电压降，二次侧各绕组的匝数应增加5%左右，则：

$$N_2 = n_0(1 + 0.05)U_2 \qquad N_3 = n_0(1 + 0.05)U_3$$

（4）确定各绕组导线的线径

考虑到导线存在电阻和变压器允许的温升，小型变压器绕组导线的电流密度 J 一般取 2.5A/mm²，有时对外层绕组也可取 $J = 3\mathrm{A/mm^2}$，这样可根据各绕组电流求出线径：

$$d = 0.71\sqrt{I}(\mathrm{mm}) \quad (J = 2.5\mathrm{A/mm^2})$$

$$d = 0.65\sqrt{I}(\mathrm{mm}) \quad (J = 3\mathrm{A/mm^2})$$

（5）核算铁心窗口是否能容纳下线包

按照线包各绕组的匝数、线径、绝缘材料及线圈骨架的厚度和静电屏蔽层来核算整个线包所占铁心窗口的面积，它应小于铁心窗口，否则绕成后，有可能放不下，导致前功尽弃。注意核算应留有一定的余量，这对初学者尤其重要。

窗口面积 A_0 可按下式计算：$A_0 = k_{\mathrm{w}}(F_1 N_1 + F_2 N_2 + \cdots + F_N N_N)$。

式中，F_1，F_2，$\cdots$，F_N 分别为各绕组导线的横截面积；N_1，N_2，$\cdots$，N_N 分别为各绕组的匝数；k_{w} 为填充系数，主要考虑到各绕组组间的层间绝缘物要占一定的面积，k_{w} 取 1.2 ~ 1.8。

【例4-2】设计一小型电源变压器，电源电压 $U_0 = 220\mathrm{V}$，二次侧两个绕组，每绕组电压 $U_2 = 15\mathrm{V}$，电流 $I_2 = 0.75\mathrm{A}$。

解：（1）确定功率

$$P_2 = 2U_2 I_2 = 2 \times 15\mathrm{V} \times 0.75\mathrm{A} = 22.5\mathrm{W}$$

η 取 0.8，则：$\qquad\qquad\qquad P_1 = \frac{P_2}{\eta} = \frac{22.5}{0.8}\mathrm{W} = 28.1\mathrm{W}$

$$I_1 = \frac{P_1}{U_1} = \frac{28.1}{220}\mathrm{A} = 0.127\mathrm{A}$$

$$P_0 = \frac{P_1 + P_2}{2} = \frac{28.1 + 22.5}{2}\mathrm{W} = 25.3\mathrm{W}$$

（2）确定 S 和 a、b

$$S = K_c \sqrt{P_0}$$

因为硅钢片质量较好，$B_m = (1.1 \sim 1.2)10^4 \text{G}$，所以取 $K_0 = 1.3$。

则
$$S = 1.3 \sqrt{25.3} \text{cm}^2 \approx 6.54 \text{cm}^2$$

$$S' = \frac{S}{0.9} = \frac{6.54}{0.9} \text{cm}^2 \approx 7.27 \text{cm}^2$$

选舌宽 $a = 2.6 \text{cm}$ 的硅钢片

则
$$b = \frac{S'}{a} = \frac{7.27}{2.6} \text{cm} \approx 3.0 \text{cm} = 30 \text{mm}$$

（3）确定 n_0，N_1，N_2

取 $B_m = 1.2 \times 10^4 \text{G}$，则 $n_0 = (4.5 \times 10^5)/(1.2 \times 10^4 \times 6.54)$ 匝 /V=5.8 匝 /V

取 $n_0 = 6$ 匝 /V

$N_1 = n_0 U_1 = 6 \times 220$ 匝 =1320 匝

$$\begin{aligned} N_2 &= 2 \times n_0 \times (1 + 0.05)U_2 \\ &= 2 \times 6 \times 1.05 \times 15 \text{匝} \\ &= 2 \times 95 \text{匝} \end{aligned}$$

（4）确定导线线径

$$d_1 = 0.71 \sqrt{0.127} \text{mm} \approx 0.25 \text{mm} \qquad 取 J = 2.5 \text{A}/\text{mm}^2$$

$$d_2 = 0.65 \sqrt{0.75} \text{mm} \approx 0.56 \text{mm} \qquad 取 J = 3 \text{A}/\text{mm}^2$$

（5）窗口面积的核算（略）

4.3 习题

一、选择题

1. 一个信号源的电压 $U_S = 40\text{V}$，内阻 $R_0 = 200\Omega$，通过理想变压器接 $R_L = 8\Omega$ 的负载。为使负载电阻换算到原边的阻值 $R'_L = 200\Omega$，以达到阻抗匹配，则变压器的电压比 n 应为（   ）。

A.25　　　　　　B.10　　　　　　C.5　　　　　　D.15

2. 如图 4-12 所示，一次绕组从电源得到 20V 的电压，此变压器的电压比为 10，则二次绕组得到的电压为（   ）。

A.200V　　　　　　B.100V　　　　　　C.2V　　　　　　D.0

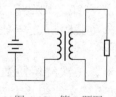

图 4-12　第 2 题图

3. 下列说法正确的是（　　　）。

A. 变压器可以改变交流电的电压，也可以改变直流电的电压

B. 变压器可以改变直流电的电压

C. 变压器可以改变交流电的电压

D. 变压器除了改变交流电压、直流电压外，还能改变电流等

4. 用理想变压器给负载电阻 R 供电，变压器输入电压不变，要使变压器的输入功率增加，则应该（　　　）。

A. 增加变压器一次绕组的匝数，而二次绕组的匝数和负载电阻 R 保持不变

B. 增加变压器二次绕组的匝数，而一次绕组的匝数和负载电阻 R 保持不变

C. 减少变压器二次绕组的匝数，而一次绕组的匝数和负载电阻 R 保持不变

D. 增加负载电阻 R 的阻值，而一次、二次绕组的匝数保持不变

5. 为了安全，机床上照明电灯用的电压为 36V，这个电压是通过变压器把 220V 的电压降压得到的，如果这台变压器给 40W 的电灯供电（不考虑变压器的损失），则一次、二次绕组的电流之比是（　　　）。

A. 1∶1　　　　　B. 55∶9　　　　　C. 9∶55　　　　　D. 无法确定

6. 降压变压器必须符合（　　　）。

A. $I_1 > I_2$　　　　B. $n < 1$　　　　C. $I_1 < I_2$　　　　D. $N_1 < N_2$

二、判断题

1. 变压器可以改变各种电源电压。　　　　　　　　　　　　　　　　　　　（　　）

2. 变压器只能改变电压，不能改变电流和阻抗。　　　　　　　　　　　　　（　　）

3. 铁心变压器具有变电压、变电流、变阻抗的作用。　　　　　　　　　　　（　　）

4. 变压器除了改变交、直流电压外，还能改变电流等。　　　　　　　　　　（　　）

5. 变压器用作阻抗变换时，电压比等于一次、二次绕组阻抗的平方比。　　　（　　）

6. 变压器一次绕组的输入功率是由二次绕组的输出功率决定的。　　　　　　（　　）

7. 变压器只能传递电能，不能产生电能。　　　　　　　　　　　　　　　　（　　）

8. 一台 220V/110V 的变压器，可以用来把 440V 的交流电压降低到 220V。　（　　）

三、填空题

1. 一个理想变压器电压比 $U_1 : U_2 = 10$，则电流比 $I_1 : I_2 = $ ____，若负载阻抗 $Z_L = 10\Omega$，则从一次绕组两端看进去的输入阻抗 $Z_i = $ _____。

2. 一个理想变压器的输入电压为 220V，输出电压为 44V，则此变压器的电压比 $n = $ ____；若负载 $R_L = 8\Omega$，则从一次绕组两端看进去的输入阻抗 $R_i = $ _____，一次电流 $I_1 = $ _____，二次电流 $I_2 = $ _____。

3. 一个理想变压器的电压比 n 为 4，当输入电压为 220V，输出电压为____V；若负载 $R_L = 8\Omega$，则从一次绕组输入阻抗 $R_i = $ _____Ω。

4. 一个理想变压器电流比 $I_1 : I_2 = 20$，则变压器的电压比 $n = $ ____，这台变压器是_____（升压或降压）变压器，若负载阻抗 $Z_L = 1k\Omega$，则从一次绕组两端看进去的输入阻抗 $Z_i = $ _____。

5. 一晶体管收音机的输出变压器，一次绕组匝数是 320 匝，二次绕组匝数是 80 匝，则该变压器的电压比是_____，如果二次绕组接上音圈阻抗为 6Ω 的扬声器，这时变压

器的输入阻抗是_____。

6. 变压器的基本结构是一个_____，绕上两个_____。

7. 一个理想变压器的一次绕组为1000匝，二次绕组为2000匝，一次绕组的电压为100V，一次绕组中的电流为4A，则二次绕组的电压为_____，二次绕组中的电流为_____，变压器的电压比 $n =$ ____，这台变压器是_____（填升压或降压）变压器，从二次绕组两端看进去的输入阻抗 $Z_i =$ _____。

8. 理想变压器的输入和输出电压的比等于_____的比，输入功率和输出功率的比等于_____。

9. 变压器是利用_____原理传输电能或信号的器件，具有_____、_____、_____等作用。

四、综合题

1. 变压器的负载增加时，其一次绕组中电流怎样变化？铁心中主磁通怎样变化？输出电压是否一定要降低？

2. 变压器能否改变直流电压？为什么？

3. 有一单相照明变压器，容量为10kVA，电压3300V/220V。今欲在二次绕组接上60W、220V的白炽灯，如果要变压器在额定情况下运行，这种白炽灯可接多少个？并求一次、二次绕组的额定电流。

4. 将 $R_L = 8\Omega$ 的扬声器接在输出变压器的二次绕组，已知 $N_1 = 300$，$N_2 = 100$，信号源电动势 $E = 6V$，内阻 $R_{S1} = 100\Omega$，试求信号源输出的功率。

5. 一台容量为20kVA的照明变压器，它的电压为6600V/220V，问它能够正常供应220V、40W的白炽灯多少盏？能供给 $\cos\varphi = 0.6$、电压为220V、功率40W的荧光灯多少盏？

6. 一台变压器有两个一次绕组，每组额定电压为110 V，匝数为440匝，二次绕组匝数为80匝，试求：

1）一次绕组串联时的电压比和一次侧加上额定电压时的二次输出电压。

2）一次绕组并联时的电压比和一次侧加上额定电压时的二次输出电压。

7. 单相变压器，一次线圈匝数 $N_1 = 1000$ 匝，二次侧 $N_2 = 500$ 匝，现一次侧加电压 $U_1 = 220V$，测得二次电流 $I_2 = 4$ A，忽略变压器内阻抗及损耗，求：

1）一次等效阻抗 Z_1。

2）负载消耗功率 P_2。

8. 图 4-13 所示变压器 $N_1 = 100$ 匝，$N_2 = 50$ 匝，$N_3 = 20$ 匝，$U_1 = 10V$，求：

1）当2，3端连接时 U_{14} 为多少？

2）当2，4端连接时 U_{13} 为多少？

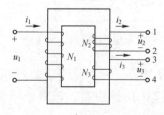

图 4-13　综合题第 8 题图

9. 已知变压器一次电压 $U_1 = 380V$，若变压器效率为 80%，要求二次侧接上额定电压为 36V，额定功率为 40 W 的白炽灯 100 只，求：二次电流 I_2 和一次电流 I_1。

10. 如图 4-14 所示，输出变压器的二次绕组有中间抽头，以便接 8Ω 或 3.5Ω 的扬声器，两者都能达到阻抗匹配。试求二次绕组两部分的匝数之比。

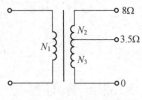

图 4-14 综合题第 10 题图

11. 图 4-15 所示的变压器，一次侧有两个额定电压为 110V 的绕组。二次绕组的电压为 6.3V。

1）若电源电压是 220V，一次绕组的 4 个接线端应如何正确连接，才能接入 220V 的电源上？

2）若电源电压是 110V，一次绕组要求并联使用，这两个绕组应当如何连接？

3）在上述两种情况下，一次侧每个绕组中的额定电流有无不同？二次电压是否有改变？

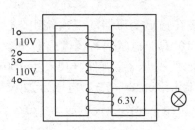

图 4-15 综合题第 11 题图

12. 图 4-16 所示是一电源变压器，一次绕组有 550 匝，接 220V 电压。二次绕组有两个：一个电压 36V，负载 36W；一个电压 12V，负载 24W。两个都是纯电阻负载时，求一次电流 I_1 和两个二次绕组的匝数。

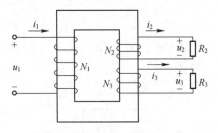

图 4-16 综合题第 12 题图

13. 一晶体管收音机的输出变压器，一次绕组匝数是 600 匝，二次绕组匝数是 100 匝，如果二次绕组接上音圈阻抗为 12Ω 的扬声器，试求：该变压器的电压比、电流比、输入阻抗。

项目5 三相异步电动机的典型控制

知识目标

- 熟悉三相交流电路的基本概念。
- 熟悉三相交流电路的基本物理量及测试方法。
- 熟悉低压电器。
- 熟悉电气识图方法。
- 熟悉三相异步电动机的控制电路。
- 熟悉三相异步电动机的控制方法。

能力目标

- 会正确计算和测试三相交流电路的物理量。
- 会使用低压电器。
- 会正确识读电气图。
- 会绘制三相电动机的控制电路图。
- 会安装和检测三相异步电动机典型控制电路。

任务 5.1 认识三相交流电路

❖ 布置任务

你知道三相交流电路吗？三相电源和三相负载是怎么样的？电压、电流和功率如何计算和测试？让我们一起来学习吧！

目前，国内外电力系统采用的供电方式，几乎都是三相制。所谓的三相制，就是由 3 个频率相同、振幅相等、相位互差 120° 的正弦交流电源供电的系统。三相电力系统由三相电源、三相负载和三相输电线路 3 部分组成。三相交流电在生产中获得广泛应用的原因是，与单相交流电相比，三相交流电在生产、传输和应用上都有着显著的优点：

1）在尺寸相同的情况下，三相发电机比单相发电机的输出功率大。

2）在传输距离和输送功率相同的情况下，三相电要比单相电节省导线材料。

3）三相用电设备结构简单、运行可靠、维护方便。

此外，民用电使用的单相交流电即来自三相电中的一相。

5.1.1 三相交流电源

1. 三相电动势

三相电动势是由三相发电机产生的。图 5-1 是三相交流发电机的原理图，它的主要组成部分是定子和转子，定子铁心的内圆周表面冲有槽，安放着 3 组匝数相同的绕组，各相绕组的结构相同，它们的始端标以 U_1、V_1、W_1，末端标以 U_2、V_2、W_2。

三相绕组分别称为 U 相、V 相及 W 相，它们在空间位置上彼此相差 120°，称为对称三相绕组。当发电机匀速转动时，各相绕组均与磁场相切割而感应电压。由于三相绕组的匝数相等、切割磁力线的角速度相同且空间位置上互差 120°，所以感应电压的最大值相等、角频率相同、相位上互差 120°，称为对称三相交流感应电压，其相量图和正弦波形如图 5-2 所示。

三相电动势

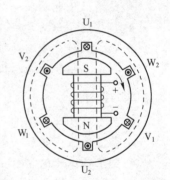

图 5-1 三相交流发电机原理图

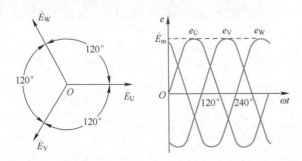

图 5-2 三相交流电相量图和波形图

由图 5-2 可得，三相交流感应电压解析式为：

$$e_U = U_m \sin \omega t \tag{5-1}$$

$$e_V = U_m \sin(\omega t - 120°) \tag{5-2}$$

$$e_W = U_m \sin(\omega t + 120°) \tag{5-3}$$

三相交流电在相位上的先后顺序称为相序。相序指三相交流电达到最大值的顺序。实际中常采用 U→V→W 的顺序作为三相交流电的正相序，而把 W→V→U 的顺序称为逆相序。

不特别说明，都采用正序。工业上通常采用正序，并用黄、绿、红区分 U、V、W 三相。

2. 三相电源的连接

三相电源有两种基本的连接方式：星形联结（也表示为 Y 联结）和三角形联结（也表示为 △ 联结）。

三相电源的连接

（1）三相电源的星形联结

三相电源的星形联结方式如图 5-3 所示。

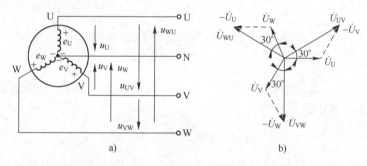

图 5-3　三相电源的星形联结方式

a）星形联结　b）相量图

三相电源绕组的首端分别向外引出三根输电线（U、V、W），称为电源的相线（俗称火线）；三相电源绕组的尾端连在一起向外引出一根输电线（N），称为电源的中性线（俗称零线）。

按照图 5-3 所示向外供电的机制称为三相四线制。把相线与相线之间的电压称为线电压，分别用 u_{UV}、u_{VW} 和 u_{WU} 表示。相线与零线之间的电压称为相电压，分别用 u_U、u_V 和 u_W 表示。由于 3 个相电压通常是对称的，对称的 3 个相电压数值上相等，用 U_p 统一表示。在相电压对称的情况下，根据图 5-3a 可得相电压与线电压的相位关系为：

$$\dot{U}_{UV} = \dot{U}_U - \dot{U}_V$$

$$\dot{U}_{VW} = \dot{U}_V - \dot{U}_W$$

$$\dot{U}_{WU} = \dot{U}_W - \dot{U}_U$$

根据上面关系式，可求出线电压，如图 5-3b 所示。可见 3 个线电压也对称，其数值也相等，用 U_l 统一表示。根据相量图的几何关系求得各线电压为：

$$U_l = \sqrt{3}U_p = 1.732U_p \qquad (5\text{-}4)$$

且由相量图可见各线电压在相位上超前与其对应的相电压 30°。

一般低压供电系统中，经常采用供电线电压为 380V，对应相电压为 220V。

（2）三相电源的三角形联结

三相电源的三角形联结是把 3 个绕组的始、末端依次连接，形成一个闭合三角形，从 3 个连接点引出 3 条端线，如图 5-4a 所示。显然，三相电源的三角形联结只有三线制。

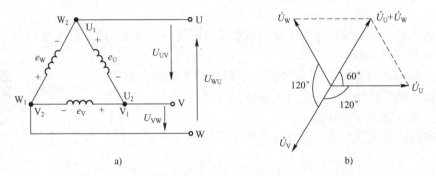

图 5-4　三相电源三角形联结及电压相量图
a）三角形联结　b）电压相量图

在图 5-4a 中易见，三相对称电压作△联结，线电压就是相应的相电压。电压的相量图如图 5-4b 所示，利用此图可得：

$$\dot{U}_V + \dot{U}_W + \dot{U}_U = 0 \qquad (5\text{-}5)$$

要特别注意的是：△联结时，不能将某相接反，否则三相电源电路电压将达到相电压的两倍，导致电流过大而烧坏电源绕组。为了保证连接正确，3 个绕组接成三角形时，应预留一个开口，用电压表测量开口电压，如果电压接近零，再闭合开口。

三相电源的三角形联结在工业用电中很少用，以后没有特别声明，三相电源的连接都指星形联结。

5.1.2　三相负载

三相电路的负载由 3 组组成，其中的每组为一相负载。各相负载的复阻抗相等的三相负载称为对称三相负载。由对称三相电源和对称三相负载所组成的电路称为对称三相电路。三相负载可以有星形和三角形两种联结方式。

1. 三相负载的星形联结

负载星形联结时的电路模型如图 5-5 所示，可见各相负载两端的电压相等，等于电源相电压相量。此时各相负载和电源通过相线和中性线构成一个独立的单相交流电路，3 个单相交流电路以中性线作为公共线。

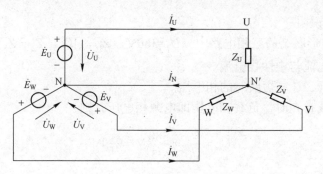

图 5-5　负载星形联结时的电路模型

通常把相线上的电流称为线电流，用 $\dot{I}_U$、$\dot{I}_V$、$\dot{I}_W$ 表示，对于三相对称负载，3 个线电流的大小都相等，一般统一用 I_l 表示；把各相负载中的电流称为相电流，对于三相对称负载，3 个相电流的大小也相等，统一用 I_p 表示。显然，星形联结时电路有如下特点，即：

$$I_l = I_p = \frac{U_p}{|Z_p|} \tag{5-6}$$

$$U_l = \sqrt{3} U_p \tag{5-7}$$

设备负载阻抗分别为 Z_U、Z_V、Z_W，由于各项负载端电压相量等于电源相电压相量，因此每个阻抗中流过的电流相量为

$$\dot{I}_U = \frac{\dot{U}_U}{Z_U}, \quad \dot{I}_V = \frac{\dot{U}_V}{Z_V}, \quad \dot{I}_W = \frac{\dot{U}_W}{Z_W} \tag{5-8}$$

中性线上通过的电流相量根据相量形式的 KCL 可得：

$$\dot{I}_N = \dot{I}_U + \dot{I}_V + \dot{I}_W \tag{5-9}$$

中性线上通过的电流相量 $\dot{I}_N$ 有如下两种情况。

（1）对称三相负载

三相负载对称时，即 $Z_U = Z_V = Z_W$，阻抗端电压相量也对称，因此构成星形对称三相电路。对称三相电路中，各阻抗中通过的电流相量也必然对称，因此中性线电流相量：

$$\dot{I}_N = \dot{I}_U + \dot{I}_V + \dot{I}_W = 0$$

中性线电流相量为零，说明中性线中无电流通过。这时中性线的存在对电路不会产生影响。实际工程应用中的三相异步电动机和三相变压器等三相设备，都属于对称三相负载，因此把它们星形接后与电源电路相连时，一般都不用中性线，此时的供电方式叫三相三线制（丫接法）。

（2）不对称三相负载

三相电路的各阻抗模值不等或者辐角不同，都称为不对称三相负载。在不对称星形联结三相电路中，中性线不允许断开。因为中性线一旦断开，各相负载端的电压就会出现严重不平衡。

以下面的例题说明。

【例5-1】 在星形联结的三相电路中，$U_1=380\text{V}$，$Z_1=11\Omega$，$Z_2=Z_3=22\Omega$。求：

1）负载的相电流与中性线电流。

2）中性线断开，U相短路时的相电压。

解：1）中性线存在时，负载相电压即电源相电压，则：

$$U_p = \frac{U_1}{\sqrt{3}} = \frac{380}{\sqrt{3}}\text{V} = 220\text{V}$$

$$I_1 = \frac{U_p}{Z_1} = \frac{220}{11}\text{A} = 20\text{A}$$

$$I_2 = I_3 = \frac{U_p}{Z_2} = \frac{220}{22}\text{A} = 10\text{A}$$

以 $\dot{I}_1$ 为参考，作相量图如图5-6所示，由相量图得 $\dot{I}_N = I_1 - 2I_2\cos 60° = 10\text{A}$

2）中性线断开，U相短路时，$U'_1 = 0$，V、W两相负载均承受电源的线电压，即 $U'_2 = U'_3 = 380\text{V}$，这是负载不对称、无中性线时最严重的过电压事故，也是三相对称负载严重失衡的情况。因此，中性线的作用是为了保证负载的相电压对称，或者说保证负载均工作在额定电压下。故中性线必须牢固，不允许在中性线上接熔断器或开关。

2. 负载的三角形联结

负载作为三角形联结的三相电路如图5-7所示，其中 $\dot{I}_{UV}$、$\dot{I}_{VW}$、$\dot{I}_{WU}$ 分别为每相负载

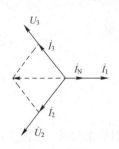
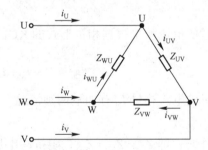

图5-6　相量图　　　　图5-7　负载的三角形联结的三相电路

流过的电流，称相电流，有效值为 I_p。三条相线中的 $\dot{I}_U$、$\dot{I}_V$、$\dot{I}_W$ 是线电流，有效值 I_1。

三相负载对称时，$Z_{UV} = Z_{VW} = Z_{WU} = Z$，则三个相电流为 $I_p = I_{UV} = I_{VW} = I_{WU} = \dfrac{U_p}{|Z|} = \dfrac{U_1}{|Z|}$，可见它们也是对称的，即相位互差120°，对称负载三角形联结的特点是：

$$U_1 = U_p \tag{5-10}$$

$$I_1 = \sqrt{3}I_p \tag{5-11}$$

负载不对称时，尽管三个相电压对称，但三个相电流因阻抗不同而不再对称，上面的

关系不再成立，只能逐相计算，请自行分析。

5.1.3　三相电路的功率

无论负载是星形联结还是三角形联结，总有功功率都等于各相有功功率之和。即

$$P = P_{\mathrm{U}} + P_{\mathrm{V}} + P_{\mathrm{W}} \tag{5-12}$$

同样，对总无功功率有：

$$Q = Q_{\mathrm{U}} + Q_{\mathrm{V}} + Q_{\mathrm{W}} \tag{5-13}$$

但总视在功率不等于各相视在功率之和，而是：

$$S = \sqrt{P^2 + Q^2} \tag{5-14}$$

当三相负载对称时，每相有功功率相等，因此无论哪种接法，总的三相有功功率为：

$$P = 3U_{\mathrm{P}} I_{\mathrm{P}} \cos\varphi \tag{5-15}$$

同理可得，对称三相电路的无功功率 Q 和视在功率 S 有：

$$Q = 3U_{\mathrm{P}} I_{\mathrm{P}} \sin\varphi \tag{5-16}$$

$$S = 3U_{\mathrm{P}} I_{\mathrm{P}} \tag{5-17}$$

由于线电压、线电流容易测得，而且三相设备铭牌标的也是线电压、线电流，工程上多利用线电压、线电流来计算功率。

对称三相负载三角形联结时，$U_{\mathrm{l}} = U_{\mathrm{p}}$，$I_{\mathrm{l}} = \sqrt{3} I_{\mathrm{p}}$。

对称三相负载星形联结时，$U_{\mathrm{l}} = \sqrt{3} U_{\mathrm{p}}$，$I_{\mathrm{l}} = I_{\mathrm{p}}$。

将上述关系代入式（5-15），可得无论哪种接法，都有：

$$P = \sqrt{3} U_{\mathrm{l}} U_{\mathrm{l}} \cos\varphi \tag{5-18}$$

同理可得，对称三相电路的无功功率和视在功率有：

$$Q = \sqrt{3} U_{\mathrm{l}} I_{\mathrm{l}} \sin\varphi \tag{5-19}$$

$$S = \sqrt{3} U_{\mathrm{l}} I_{\mathrm{l}} \tag{5-20}$$

注意：无论是用相电压、相电流，还是用线电压、线电流计算功率，公式中的 φ 都是指相电压与相电流的相位差。

【例5-2】有一对称三相负载，每相电阻 $R = 3\,\Omega$，感抗 $X_{\mathrm{l}} = 4\,\Omega$，分别接成星形和三角形，接在线电压为380V 的对称三相电源上，试求：

1）负载作星形联结时的相电流、线电流及有功功率。

2）负载作三角形联结时的相电流、线电流及有功功率。

解：1）负载作星形联结时，负载相电压为：

$$U_{\mathrm{Yp}} = \frac{U_{\mathrm{Yl}}}{\sqrt{3}} = \frac{380}{\sqrt{3}}\,\mathrm{V} \approx 220\,\mathrm{V}$$

各相负载阻抗为：

$$|Z|=\sqrt{R^2+X_1^2}=\sqrt{3^2+4^2}\ \Omega=5\ \Omega$$

各相相电流为：

$$I_{Yp}=\frac{U_{Yp}}{|Z|}=\frac{220}{5}\ A=44\ A$$

线电流为：

$$I_{Yl}=I_{Yp}=44A$$

各相负载功率因数为：

$$\cos\varphi=\frac{R}{|Z|}=\frac{3}{5}=0.6$$

三相负载总有功功率为：

$$P_Y=\sqrt{3}\,U_{Yl}I_{Yl}\cos\varphi=\sqrt{3}\times380\times44\times0.6\ W\approx17.36\ kW$$

2）负载作三角形联结时，相电压等于线电压，则

$$U_{\triangle p}=U_{\triangle l}=380V$$

因每相阻抗 $Z=5\,\Omega$，则相电流为：

$$I_{\triangle p}=\frac{U_{\triangle p}}{|Z|}=\frac{380}{5}\ A=76\ A$$

线电流为：

$$I_{\triangle l}=\sqrt{3}I_{\triangle p}=1.73\times76\ A\approx131.5\ A$$

三相负载总有功功率为：

$$P_{\triangle}=\sqrt{3}U_{\triangle l}I_{\triangle l}\cos\varphi=\sqrt{3}\times380\times131.5\times0.6\ W\approx51.93\ kW$$

比较上述计算结果：对称三相负载作三角形联结的线电流和总有功功率是星形联结时的 3 倍。

任务 5.2　认识低压电器

❖ **布置任务**

低压电器有哪些呢？如何进行选用和安装？让我们一起来学习吧！

5.2.1　开关电器

开关是电气控制电路中使用最广泛的一种低压电器，它的作用是接通、切断电气控制

电路或者用来发出控制命令。开关的种类很多,用来控制电气主电路通断的开关有开启式负荷开关、封闭式负荷开关、组合开关等,用来接通和断开控制电路的开关有按钮开关、行程开关、接近开关和万能转换开关等。

1. 开启式负荷开关

开启式负荷开关俗称闸刀开关,又称为瓷底胶盖刀开关,它可分为两极闸刀开关和三极闸刀开关。

（1）外形、结构与符号

开启式负荷开关的外形、结构与符号如图 5-8 所示。

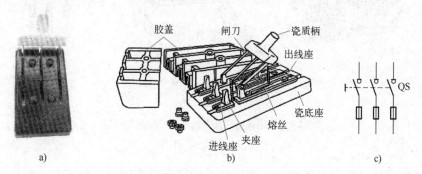

图 5-8 开启式负荷开关的外形、结构与符号
a）外形 b）结构 c）符号

开启式负荷开关除了能接通、断开电源外,由于内部接有熔丝断丝,所以还能起过电流保护作用。

开启式负荷开关安装时需要垂直安装,进出线不能接反,应该是合闸时向上推动触刀。如果装反,动触刀就容易因振动和重力的作用跌落而误合闸。电源线应接在上端静触头一侧,负载线接在下端动触头一侧。这样,当断开电源时,裸露在外面的动触刀和下端的熔丝部分均不带电,以保证维修设备和换装熔丝时的人身安全。由于开启式负荷开关没有灭电弧装置（闸刀接通或断开时产生的电火花称为电弧）,所以不能用作大容量负载的通断控制,可用于照明和 4.5kW 以下小功率电动机通断,其额定电流应为电动机额定电流的 2 ~ 3 倍。

（2）型号含义

开启式负荷开关的型号含义说明如下。

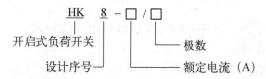

例如 HK1–30/3,含义就是额定电流为 30A、三极的开启式负荷开关。

2. 封闭式负荷开关

封闭式负荷开关又称为铁壳开关,封闭式负荷开关是在开启式负荷开关的基础上进行改进而设计出来的。

（1）外形、结构和优点

封闭式负荷开关的外形、结构和符号如图5-9所示。

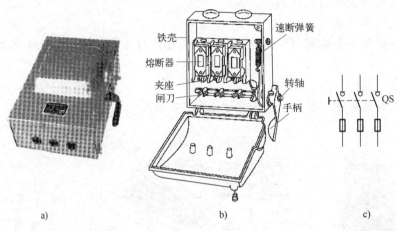

图5-9 封闭式负荷开关的外形、结构和符号

a）外形 b）结构 c）符号

封闭式负荷开关的主要优点有：在操作手柄打开或关闭开关外盖时，依靠内部一个速断弹簧的作用力，开关内部的闸刀迅速断开或闭合，这样能有效地减小电弧。封闭式负荷开关在外盖打开时手柄无法合闸，当手柄合闸后外盖无法打开，这样保证了操作安全。

这种开关可用在15kW以下非频繁起动/停止的电动机控制电路中，其额定电流应大于电动机额定电流的1.5倍。

（2）型号含义

封闭式负荷开关的型号含义说明如下。

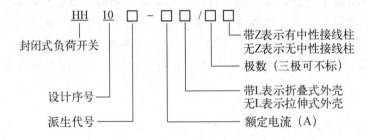

3. 组合开关

组合开关又称转换开关，它是一种由多层触点组成的开关。

（1）外形、结构与符号

组合开关的外形、结构与符号如图5-10所示。

图5-11中的组合开关由3组动、静触点组成，当旋转手柄时，可以同时调节3组动触点与3组静触点之间的通断。在转轴上装有弹簧，在操作手柄时，依靠弹簧的作用可以迅速接通或断开触点，达到有效灭弧的目的。

组合开关常用于交流380V以下或直流220V以下的电气控制电路中，它不宜进行频繁的转换操作，可用来控制5kW以下的小容量电动机。组合开关用于直接控制电动机起动、停止和正反转时，其额定电流一般取电动机额定电流的 1.5 ~ 2.5 倍。

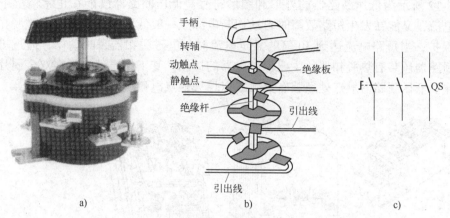

图 5-10 组合开关的外形、结构与符号

a）外形 b）结构 c）符号

（2）型号含义

组合开关的型号含义说明如下。

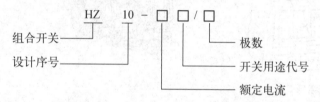

5.2.2 低压断路器

低压断路器又名自动空气开关或自动空气断路器，简称为断路器。它是一种重要的控制和保护电器，既可手动又可电动分合电路，主要用于低压配电电网和电力拖动系统中。它集控制和多种保护功能于一体，不仅可以接通和分断正常负荷电流和过载电流，还可以接通和分断短路电流的开关电器，而且还具有如过载、短路、欠电压和漏电保护等功能。图 5-11 所示为低压断路器实物图。

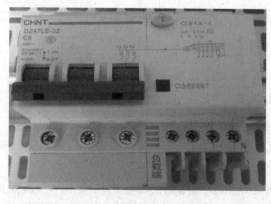

图 5-11 低压断路器实物图

1. 低压断路器的外形、结构和工作原理

图 5-12 所示为低压断路器的外形和图形符号。低压断路器既能在正常情况下手动切断负载电流，又能在发生短路故障时自动切断电源。一般低压断路器装有电磁脱扣器，用作短路保护，当短路电流达到 30 倍的额定电流时，电磁脱扣器瞬时动作，通过机构迅速分断。断路器还装有热脱扣器，主要保护电器的过载，其工作原理也是靠双金属片受热弯曲而动作。低压断路器触点处还装有灭弧罩以熄灭触点电弧。

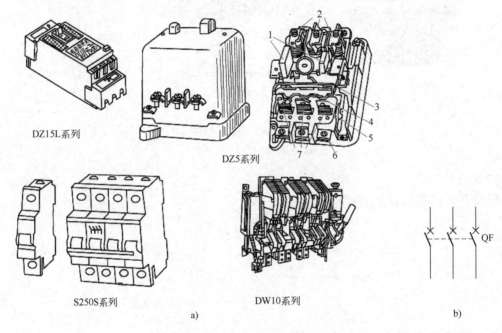

DZ15L系列

DZ5系列

S250S系列

DW10系列

a)

b)

图 5-12　低压断路器的外形和图形符号

a）外形　b）图形符号

1—按钮　2—过电流脱扣器　3—自由脱扣器　4—动触头　5—静触头　6—接线　7—热脱扣器

2. 型号含义

断路器的型号含义说明如下。

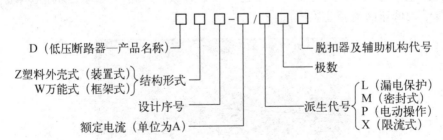

3. 低压断路器的选用

低压断路器的选用主要考虑额定电压、壳架等级额定电流和断路器的额定电流 3 项参数。

1）低压断路器的额定电压。断路器的额定电压应不小于被保护电路的额定电压。断路器欠电压脱扣器额定电压等于被保护电路的额定电压；断路器分励脱扣器额定电压等于

控制电路的额定电压。

2）低压断路器的壳架等级额定电流。低压断路器的壳架等级额定电流应不小于被保护电路的计算负载电流。

3）低压断路器额定电流。低压断路器额定电流不小于被保护电路的计算负载电流。断路器用于保护电动机时，断路器的长延时电流额定值等于电动机额定电流；断路器用于保护三相笼型异步电动机时，其瞬时额定电流等于电动机额定电流的 8 ~ 15 倍，倍数与电动机的型号、容量和起动方法有关；断路器用于保护三相绕线式异步电动机时，其瞬时额定电流等于电动机额定电流的 3 ~ 6 倍。

4）断路器用于保护和控制频繁起动的电动机时，还应考虑断路器的操作条件和使用寿命。

4. 低压断路器的安装

1）低压断路器应垂直于配电板安装，电源引线应接到上端，负载引线接到下端。

2）低压断路器用作电源总开关或电动机的控制开关时，在电源进线侧必须加装刀开关或熔断器等，以形成明显的断开点。

3）板前接线的低压断路器允许安装在金属支架上或金属底板上，但板后接线的低压断路器必须安装在绝缘底板上。

5.2.3 熔断器

熔断器是低压配电电路和电力拖动系统中一种最简单的安全保护电器，主要用于短路保护，也可用于过载保护。熔断器应串联接入被保护电路中，正常工作时相当于导体，保证电路接通。当电路发生短路或过载时，其自身会发热熔断，自动断开电路。

1. 熔断器的组成和符号

熔断器主要由熔体和绝缘底座组成，图 5-13a 所示为熔断器的实物图，熔体放置在内部，图 5-13b 为熔断器的符号。

a)   b)

图 5-13 熔断器实物图及符号

a）实物图 b）符号

2. 熔断器的种类及应用

常见的熔断器的种类及应用见表 5-1。

表 5-1 常见熔断器的种类与应用

种类	外形结构	应用
RC 插入式熔断器	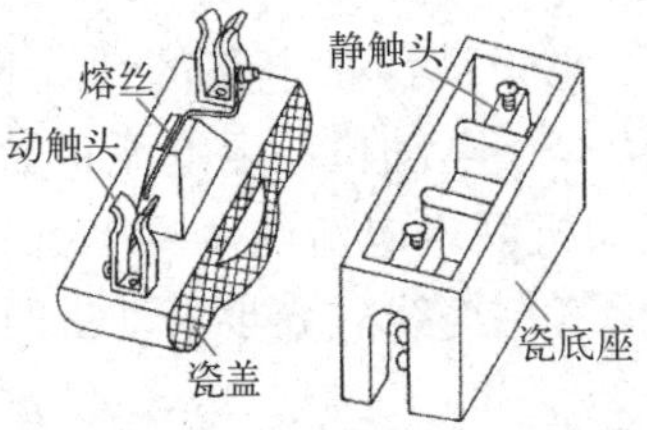 熔丝 静触头 动触头 瓷盖 瓷底座	RC 插入式熔断器主要用于电压在 380V 及以下、电流在 5 ~ 200A 的电路中，如照明电路和小容量的电动机电路中。 这种熔断器用于额定电流在 30A 以下的电路时，熔丝一般采用铅锡丝；当用在电流为 30 ~ 100A 的电路时，熔丝一般采用铜丝；当用在电流达 100A 以上的电路时，熔丝一般用变截面的铜片
RL 螺旋式熔断器	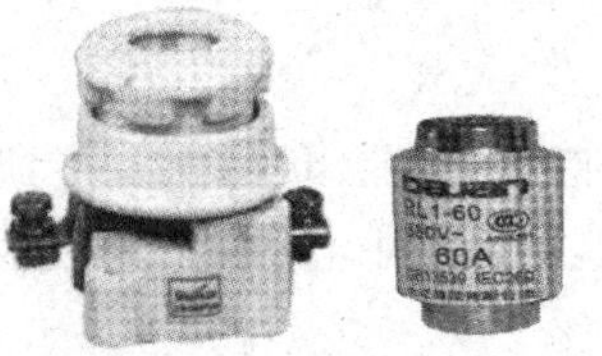	这种熔断器在使用时，要在内部安装熔管。在安装熔管时，先将熔断器的瓷帽旋下，再将熔管放入内部，然后旋好瓷帽。熔管上、下方为金属盖，有的熔管上方的金属盖中央有一个红色的熔断指示器，熔管内部装有石英砂和熔丝，当熔丝熔断时，指示器颜色会发生变化，以指示内部熔丝已断。指示器的颜色变化可以通过熔断器的瓷帽上的玻璃窗口观察到。 RL 螺旋式熔断器具有体积小、分断能力较大、工作安全可靠、安装方便等优点，通常用在工厂 200A 以下的配电箱、控制箱和机床电动机的控制电路中
RM 无填料封闭式熔断器	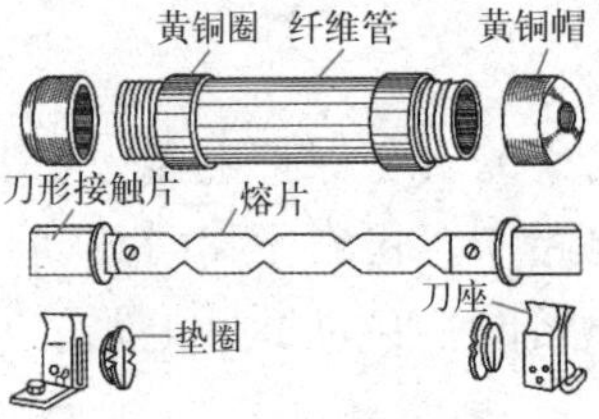 黄铜圈 纤维管 黄铜帽 刀形接触片 熔片 垫圈 刀座	这种熔断器的熔体是一种变截面的锌片，它被安装在纤维管中，锌片两端的接触片穿过黄铜帽，再通过垫圈安插在刀座中。 当这种熔断器通过大电流时，锌片中窄的部分首先熔断，使中间大段的锌片脱落，形成很大的间隔，有利于灭弧。 RM 无填料封闭式熔断器具有保护性好、分断能力强、熔体更换方便和安全可靠等优点，主要用在交流电压 380V 以下、直流电压 440V 以下、电流 600A 以下的电力电路中
RS 快速熔断器	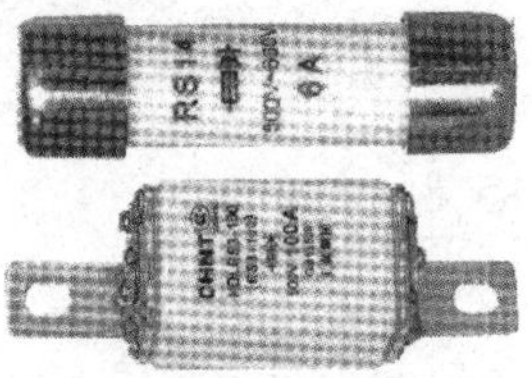	RS 快速熔断器主要用于硅整流器件、晶闸管器件等半导体器件及其配套设备的短路和过载保护，它的熔体一般采用银制成，具有熔断迅速、能灭弧等优点。 左图所示是两种常见的 RS 快速熔断器
RT 有填料管式熔断器	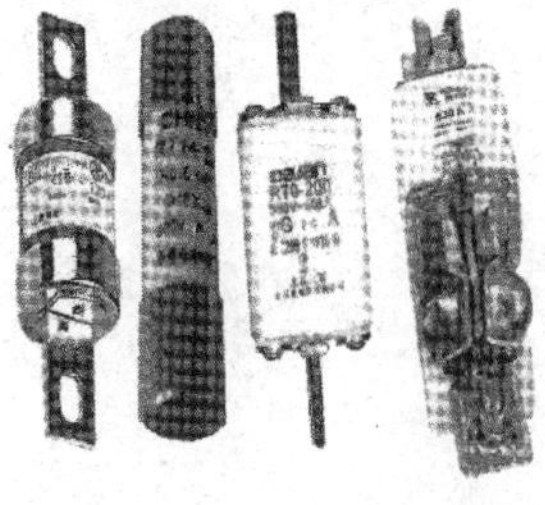	RT 有填料封闭管式熔断器又称为石英熔断器，它常用作变压器和电动机等电气设备的过载和短路保护。 左图所示是几种常见的 RT 有填料管式熔断器，这些熔断器可以用螺钉、卡座等与电路连接起来。左图右方所示的熔断器有插在卡座内能力强、灭弧性能好和使用安全等优点。 RT 有填料管式熔断器，具有保护性，分断功能主要用在短路电流大的电力电网和配电设备中

（续）

种类	外形结构	应用
RZ自复式熔断器	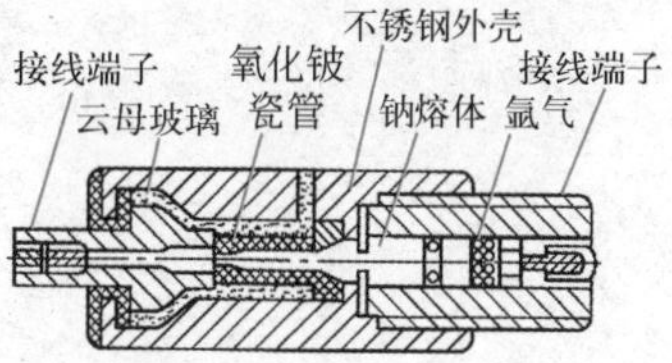 接线端子　氧化铍　不锈钢外壳　接线端子 云母玻璃　瓷管　钠熔体　氩气	RZ自复式熔断器内部采用金属钠作为熔体。在常温下，钠的电阻很小，整个熔丝的电阻也很小，可以通过正常的电流；若电路出现短路会导致流过钠熔体的电流很大，钠被加热汽化，电阻变大，熔断器相当于开路；当短路消除后，流过的电流减小，钠又恢复成固态，电阻又变小，熔断器自动恢复正常。 自复式熔断器通常与低压断路器配套使用，其中自复式熔断器作短路保护，断路器用作控制和过载保护，这样可以提高供电可靠性

3. 熔断器的选用

1）熔断器的选用。熔断器的额定电压和额定电流应不小于电路的额定电压和所装熔体的额定电流。熔断器的形式根据电路要求和安装条件而定。

2）熔体的选用。熔体的额定电流应不小于电路的工作电流。为防止熔断器越级动作而扩大停电范围，后一级熔体的额定电流比前一级熔体的额定电流至少要大一个等级。

4. 熔断器的安装

1）熔断器应完整无损，安装低压熔断器时应保证熔体与绝缘底座之间的接触良好，不允许有机械损伤，并具有额定电流、额定电压值标志。

2）不能用多根小规格熔体并联代替一根大规格熔体；各级熔体应相互配合，并做到下一级熔体规格比上一级规格小。

3）更换熔体时，必须切断电源。尤其不允许带负荷操作，以免发生电弧灼伤。

4）熔断器兼作隔离器件使用时应安装在控制开关的电源进线端；若仅作为短路保护用，应装在控制开关的出线端。

5）安装熔断器除保证适当的电气距离外，还应保证安装位置间有足够的间距，以便拆卸、更换熔体。

5.2.4　交流接触器

交流接触器是一种自动的电磁式开关，是自动控制系统和电力拖动系统中应用广泛的一种低压控制电器。它依靠电磁力的作用使触点闭合或断开来接通或分断交流主电路和大容量控制电路，并能实现远距离自动控制和频繁操作，具有欠电压保护功能，其控制对象主要是电动机。交流接触器具有通断电能力强的优点，但不能切断短路电流，因此它通常和熔断器配合使用。

1. 交流接触器的外形与符号

交流接触器的外形与电路符号如图5-14所示。

2. 交流接触器的结构与工作原理

交流接触器典型的结构如图5-15所示。图中的接触器有1个主触点、1个常闭辅助触点和1个常开辅助触点，3个触点通过连杆与衔铁连接。在没有给线圈通电时，主触点和常开辅助控制触点处于断开状态，常闭辅助触点处于闭合状态。如果给线圈通交流电，线圈产生磁场，磁场通过铁心吸引衔铁，而衔铁则通过连杆带动3个触点。

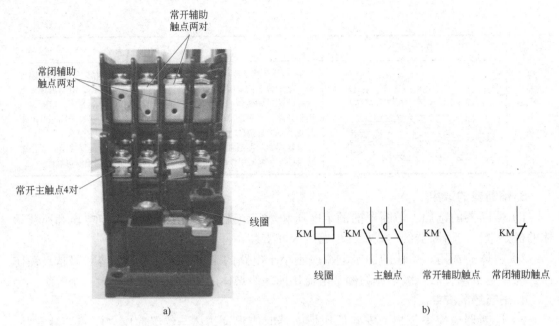

图 5-14 交流接触器的外形与电路符号

a) 外形 b) 电路符号

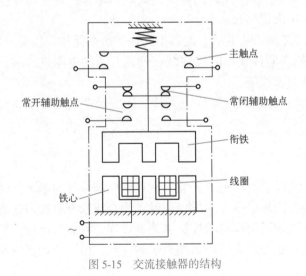

图 5-15 交流接触器的结构

3. 型号含义

交流接触器的型号含义说明如下。

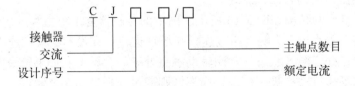

4. 交流接触器的选用

1）选择交流接触器主触点的额定电压。其主触点的额定电压应大于或等于控制电路的额定电压。

2）选择交流接触器的额定电流。其主触点的额定电流应不小于负载电路的额定电流。

3）选择接触器吸引线圈的电压。交流线圈电压有 36V、110V、127V、220V、380V。当控制电路简单，使用电器较少时，为节省变压器，可直接选用 380V 或 220V 的交流电压；当电路复杂，使用电器超过 5 个时，从人身和设备安全角度考虑，吸引线圈电压要选低一些，可用 36V 或 110V 的交流电压的线圈。

5. 交流接触器的安装

1）安装前检查接触器铭牌与线圈的技术参数是否符合实际使用要求；检查接触器外观，应无机械损伤；用手推动接触器可动部分时，接触器应动作灵活；测量接触器的线圈电阻和绝缘电阻等。

2）交流接触器的安装应垂直于安装面板，安装和接线时，注意不要将零件掉入接触器内部。

3）安装完毕，检查接线正确无误后，在主触点不带电的情况下操作几次，然后测量产品的动作值与释放值，所测得数值应符合产品的规定要求。

5.2.5　热继电器

热继电器是利用电流的热效应来推动机构使触点闭合或断开的保护电器。它主要用于电动机的过载保护、断相保护、电流的不平衡运行保护及其他电气设备发热状态的控制。它的热元件串联在电动机的主电路中，常闭触点串联在被保护的二次电路中。一旦电路过载，有较大电流通过热元件，热元件变形带动内部机构，分断接入控制电路中的常闭触点，切断主电路，起到过载保护作用。

1. 热继电器外形与符号

热继电器的外形与电路符号如图 5-16 所示。

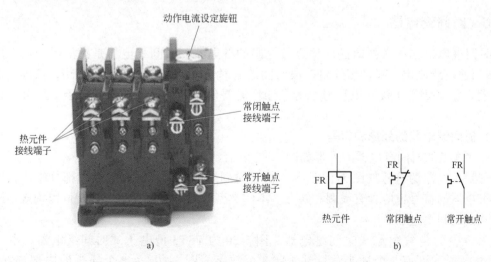

图 5-16　热继电器的外形及电路符号

a）外形　b）电路符号

2. 热继电器的型号含义

热继电器的型号含义说明如下。

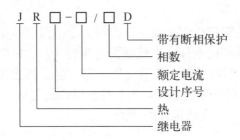

3. 热继电器的选用原则

在选用热继电器时，可按以下原则。

1）在大多数情况下，可选用两相热继电器。若是三相电压均衡性较差、无人看管的三相电动机，或与大容量电动机共用一组熔断器的三相电动机，应该选用三相热继电器。

2）热继电器的额定电流应大于负载（一般为电动机）的额定电流。

3）热继电器的热元件的额定电流应大于负载的额定电流。

4）热继电器的整定电流一般为电动机额定电流的 95% ~ 105%。

举例：选择一个热继电器用来对一台电动机进行过热保护，该电动机的额定电流为 30A，起动时间短，不带冲击性负载。根据热继电器选择原则可知，应选择额定电流为 40A、热元件额定电流大于 30A、整定电流为 30A 的热继电器。

4. 热继电器的安装

1）热继电器的安装处的环境温度应与所处环境温度基本相同。当与其他电器安装在一起时，应注意将热继电器安装在其他电器的下方，以免其动作特性受到其他电器发热的影响。

2）热继电器安装时，应清除触点表面尘污，以免因接触电阻过大或电路不通而影响热继电器的动作性能。

5.2.6　时间继电器

时间继电器是一种按时间顺序进行控制的继电器。时间继电器是指从得到输入信号（线圈的通电或断电）起，需经过一段时间的延时后才输出信号（触点的闭合或断开）的继电器。它主要用于接收电信号至触点动作需要延时的场合，广泛应用于工厂电气控制系统中。

1. 时间继电器的外形和符号

一些常见的时间继电器的外形如图 5-17 所示。

时间继电器的符号如图 5-18 所示。由于时间继电器由线圈和触点两部分组成，因此时间继电器的符号也应含有线圈和触点。不同类型的线圈与触点组合，就可以构成不同工作方式的时间继电器。

图 5-19 为空气阻尼式时间继电器，图 5-20 为 TST3 型电子式时间继电器。电子式时间继电器背面有 8 个插头，标注 1 ~ 8 个数字，图 5-20a 为 8 个插头的内部连接图。图 5-20b 为电子式时间继电器的座外形，有 8 个插孔，标注 1 ~ 8 个数字。

图 5-17 一些常见的时间继电器的外形

a）空气阻尼式 b）电子式 c）数字显示式

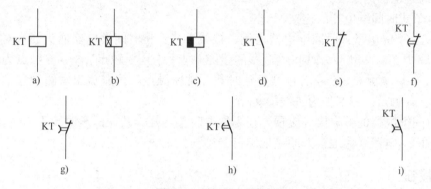

图 5-18 时间继电器符号

a）线圈一般符号 b）通电延时线圈 c）断电延时线圈 d）瞬时闭合常开触点 e）瞬时断开常闭触点 f）延时断开瞬时闭合常闭触点 g）瞬时断开延时闭合常闭触点 h）延时闭合瞬时断开常开触点 i）瞬时闭合延时断开常开触点

图 5-19 空气阻尼式时间继电器

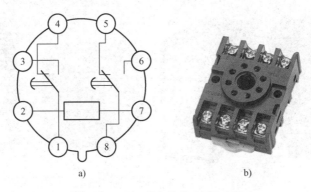

图 5-20 TST3 型电子式时间继电器

a）背后插头内部连接示意图 b）底座实物图

2. 时间继电器的安装

1）电子式时间继电器的连接。

以 TST3 型的电子式时间继电器为例，接线方式：将时间继电器插头插入对应底座插孔中。底座中 2 ~ 7 触点为时间继电器的线圈触点；1 ~ 3 触点、8 ~ 6 触点为延时闭合常开触点；1 ~ 4 触点、8 ~ 5 触点为延时断开常闭触点。为避免出短路现象，在接线中应注意将公共触点 1 或 8 作为进线端。

2）时间继电器的整定值，应预先在不通电时整定好，并在试车时校正。

3）时间继电器金属地板上的接地螺钉必须与接地线可靠连接。

5.2.7 按钮

按钮是对按钮开关的简称，是一种用来短时间接通或断开电路的手动主令电器。由于按钮的触点允许通过的电流较小，一般不超过 5A，因此一般情况下，它不是直接控制主电路的通断，而是在控制电路中发出指令或信号去控制接触器、继电器等电器，再由它们去控制主电路的通断、功能转换或电气联锁。

1. 外形与结构

常见的按钮实物外形如图 5-21 所示。

图 5-21 常见的按钮实物外形

按钮分为 3 种类型：常闭按钮、常开按钮和复合按钮。这 3 种按钮的内部结构和符号如图 5-22 所示。

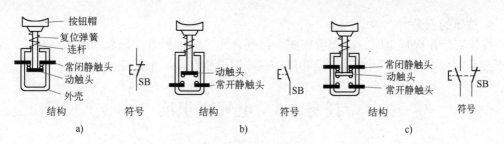

图 5-22 3 种按钮的结构与符号

a）常闭按钮 b）常开按钮 c）复合按钮

2. 型号含义

按钮的型号含义说明如下。

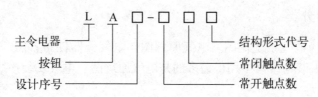

3. 按钮的选用

1）按钮类型选用应根据使用场合和具体用途确定。例如按控制柜面板上的按钮一般选用开启式；需显示工作状态则选用带指示灯式；重要设备为防止无关人员误操作的场合，选用钥匙式。

2）按钮数量选用应根据控制电路的需要确定。例如需要正、反和停 3 种控制，应选用 3 只按钮。

3）按钮颜色应根据工作状态指示和工作情况要求选择。为便于识别各按钮的作用、避免误操作，在按钮帽上制成不同标志并采用不同颜色以示区别，一般红色为停止按钮、绿色或黑色为起动按钮。标准中规定的颜色使用和含义如表 5-2 所示。

表 5-2 按钮颜色及其含义

颜色	含义	说明	举例
红	紧急情况	"停止"或"断电"；在危险或紧急事件中制动	在危险状态或在紧急状况时操作；停机紧急停机；用于停止／分断；切断一个开关紧急停止，激活紧急功能
黄	不正常注意	在出现不正常状态时操作；在不正常情况下制动	干预；参与抑制反常的状态；避免不必要的变化（事故）终止不正常情况
绿	安全	起动或通电；制动以激活正常情况	在安全条件下操作或正常状态下准备正常起动；接通一个开关装置；起动一台或多台设备，以激活正常情况
蓝	强制性	在需要进行强制性干预的状态下操作；在需要强制行动时制动	复位动作；重置装置
白		除紧急分断外动作	起动／接通；停止／分断；激活／停止
灰	没有特殊意义	起动／接通；激活／停止	停止／分断；激活停止
黑		起动／接通；激活／停止	停止／分断；激活／停止

4. 按钮的安装

按钮安装在面板上时，应布置整齐、排列合理，如根据电动机起动的先后顺序，从上到下或从左到右排列。例如正、反和停3只按钮应装在同一个按钮盒内。

任务 5.3 电气图识读

❖ 布置任务

安装电动机的控制电路需要画出设计图，如何正确识读常用电气控制电路图呢？让我们一起来学习吧！

电气图识读

5.3.1 电气图的分类

电气图一般分为电气系统框图、电气原理图、电气元器件布置图、电气安装接线图及功能图等。在电气安装与维修中用得最多的是电气原理图、电气安装接线图和平面位置图。

1. 电气原理图

电气原理图又称为电路图，是利用各种电气符号、图线来表示电气系统中各种电气设备、装置、元器件的相互关系或连接关系，阐述电路的工作原理，用来指导各种电气设备、电路的安装接线、运行、维护和管理。

电路图一般由电路、技术说明和标题栏3部分组成。电路通常采用规定的图形符号、文字符号并按功能布局绘制而成。技术说明中含文字说明和元器件明细表等，在电路图的右上方。标题栏画在电路图的右下角，其中注有工程名称、图名、图号、设计人等内容。

电气原理图是为了便于阅读和分析控制电路工作原理而绘制的。其主要形式是把一个电气元器件的各部件以分开的形式进行绘制，因此电路结构简单、层次分明，适用于研究和分析控制系统的工作原理，电气原理图示例如图5-23所示。

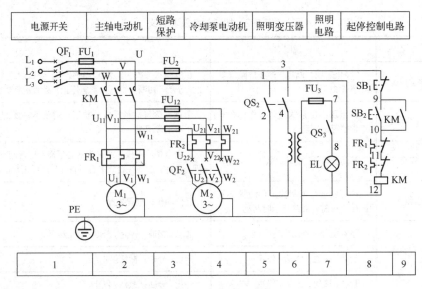

图 5-23 电气原理图示例

2. 电气安装接线图

电气安装接线图是为安装电气设备和电气元器件进行配线或检修电气故障服务的。在图中显示出电气设备中各个元器件的实际空间位置与接线情况。接线图是根据电器位置布置最合理、连接导线最方便且最经济的原则来安排的。如图 5-24 所示是点动正转控制电路接线图。

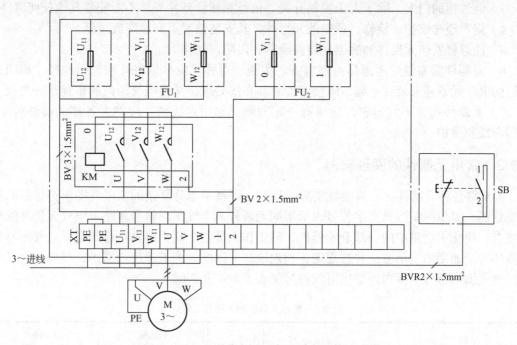

图 5-24 点动正转控制电路接线图

3. 电气元器件布置图

电气元器件布置图标明了电气设备上所有电气元器件的实际位置，为电气设备的安装及维修提供必要的资料。电气元器件布置图可根据电气设备的复杂程度集中绘制或分别绘制。如图 5-25 所示为一常见的电气元器件布置图。

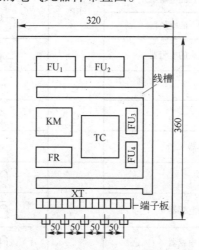

图 5-25 常见的电气元器件布置图

电气元器件的布置应注意以下几方面。

1）体积大和较重的元器件应安装在电气安装板的下方，而发热元器件应安装在电气安装板的上边。

2）强电、弱电应分开，弱电应屏蔽，防止外界干扰。

3）电气柜的门上，除了人工控制开关、信号和测量部件外，不能安装其他任何器件。

4）需要经常维护、检修、调整的元器件，其安装位置不宜过高或过低。

5）注意将发热元器件和感温元器件隔开，以防误动作。

6）元器件的布置应考虑尽可能整齐、美观、对称。应尽量将外形与结构尺寸相同或相近的电气元器件安装在一起，既便于安装和布线处理，又使电气柜内的布置整齐美观。

7）元器件布置不宜过密，应留有一定间隔。如用走线槽，应加大各排元器件间距，以利布线和维护。

5.3.2 常用元器件的图形符号

如果将各种元器件一一描绘成实际的形态，那将是十分复杂的。电气图形符号指的是用规定的、简单的图形及文字符号表示不同元器件。电气图形符号忽略了电气元器件的机械细节，简化了电路中的一部分元器件，使工作人员能立刻明白其工作状态。电气图形符号需要规定通用的表示方法并按规定正确地绘制。因此，为了理解电路图，首先，有必要记忆电气图形符号。国内外常用电气符号见表5-3 ～ 表5-6。

表 5-3　常用元器件图形符号对照

类别		名称	文字符号	新国标 图形符号	旧国标 图形符号
无源元件	电阻器	一般符号	R		
		可变电阻器	RP		
		带滑动触点的电阻器			
		带滑动触点的电位器			
		带固定抽头的电阻器			
	电容	一般符号	C		
		极性电容			
		可调电容器			
	电感	一般符号	L		
		带磁心的电感器			
		有二抽头电感器			

（续）

类别		名称	文字符号	新国标 图形符号	旧国标 图形符号
半导体管	半导体二极管	一般符号	VD	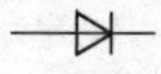	
		发光二极管	LED		
		稳压二极管	VS	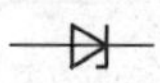	
半导体管	半导体晶体管	PNP 型晶体管	VT		
		NPN 型晶体管			
	晶闸管	反向阻断二极晶体闸流管	V	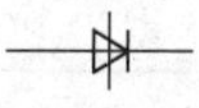	
		晶体闸流管		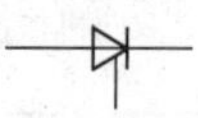	

表 5-4　常用开关与触点图形符号对照

类别		名称	文字符号	新国标 图形符号	旧国标 图形符号
触点	两个或三个位置的触点	动合（常开）触点（也可用作开关的一般符号）	Q	 或	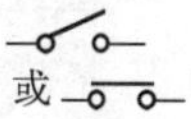 或
		动断（常闭）触点			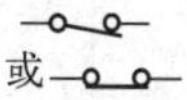 或
	延时动作的触点	延时闭合的动合触点	KT	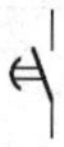	 或
		延时断开的动合触点			 或
		延时闭合动断（常闭）触点			 或
		延时断开动断（常闭）触点			 或

（续）

类别		名称	文字符号	新国标	旧国标
				图形符号	图形符号
开关和开关器件	单极开关	手动开关的一般符号	SB		
		动合（常开）按钮（不闭锁）			
		动断（常闭）按钮（不闭锁）			
	位置和限制开关	动合触点	SQ		或
		动断触点			或
		双向机械操作			
	电力开关器件	接触器动合（常开）主触点	KM		或
		接触器动断（常闭）主触点			或
		断路器	QF		
		隔离开关	QS		
	单极、多极和多位开关	三极开关 单线表示	QS		
		多线表示			
有或无继电器	操作器件	一般符号（接触器、继电器电磁铁线圈一般符号）	K	或	或
		具有两个绕组的操作器件组合表示法		或	或
		热继电器的驱动器件	FR		
		欠电压继电器的线圈	KV	$U<$	$U<$
		过电流继电器的线圈	KI	$I>$	$I>$

（续）

类别	名称		文字符号	新国标	旧国标
				图形符号	图形符号
保护器件	熔断器和熔断器式开关	熔断器的一般符号	FU		
		具有独立报警电路的熔断器		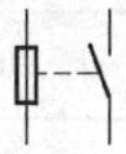	 单线　　多线
	火花间隙和避雷器	火花间隙	F		 → ←
		避雷器			

电动机的文字符号为 M，图形符号对照见表 5-5。

表 5-5　电动机图形符号对照

名称	图形符号	名称	图形符号	名称	图形符号
三相笼型异步电动机	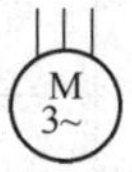	并励直流电动机		他励直流电动机	
三相绕线转子异步电动机		串励直流电动机	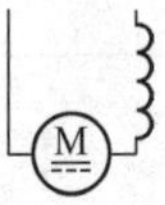	复励直流电动机	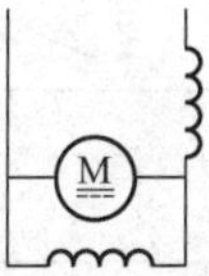

电压、电流及接线元器件图形符号见表 5-6。

表 5-6　电压、电流及接线元器件图形符号

图形符号	名称及说明	文字符号
===	直流	DC
∿ 50Hz	交流，50Hz	AC
∼	低频（工频或亚音频）	
≈	中频（音频）	
≋	高频（超音频或载频）	
≅	交直流	
+	正极	
—	负极	

（续）

图形符号	名称及说明	文字符号
	按箭头方向单向旋转	
	双向旋转	
	往复运动	
	非电离的电磁辐射（无线电波、可见光等）	
	电离辐射	
	正脉冲	
	负脉冲	
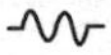	交流脉冲	
	锯齿波	
	故障	
	击穿	
	屏蔽导线	
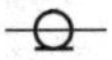	同轴电缆、同轴对	
	端子	
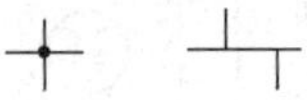	导线的连接	
	导线的不连接	
 	插头和插座	X
	接地一般符号	E
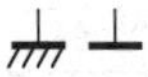	接机壳或接地板	
	保护接地	PE
	等电位	

5.3.3　电气图的识读

1. 电气图识读的一般步骤

1）读图样的有关说明。图样的有关说明包括图样目录、技术说明、器件（元件）明细表及施工说明书等。阅读图样的有关说明，可以首先了解工程的整体轮廓、设计内容及施工的基本要求。

2）读电气原理图。根据电工基本原理，在图样上首先分出主电路和辅助电路、交流电路和直流电路。然后一看主电路，二看辅助电路。看主电路时，应从用电设备开始，经过控制元器件往电源方看。看辅助电路时，应从左到右或自上而下看。

3）安装接线图。安装接线图是根据电气原理绘制的图样。识读时应先读主电路，后读辅助电路。读主电路时，可以从电源引入处开始，根据电流流向，依次经控制元器件和电路到用电设备。读辅助电路时，仍从一相电源出发，根据假定电流方向经控制元器件巡行到另一相电源（或中性线）。在读图时还应注意施工中所有元器件的型号、规格、数量以及布线方式、安装高度等重要资料。

下面重点讲解如何识读电气原理图。

2. 电气原理图的识读

熟练识读电气原理图，是掌握设备正常工作状态、迅速处理电气故障的必不可少的环节。

1）阅读电气原理图时，必须熟悉图中各元器件的电路符号和作用。

2）阅读主电路时，应该了解主电路有哪些用电设备（如电动机、电炉等），以及这些设备的用途和工作特点。并根据工艺过程，了解各用电设备之间的相互联系、采用的保护方式等。在完全了解主电路的这些工作特点后，就可以根据这些特点去阅读控制电路。

3）阅读控制电路时，一般先根据主电路接触器主触点的文字符号，到控制电路中去找与之相应的吸引线圈，进一步弄清楚电动机的控制方式。这样可将整个电气原理图划分为若干部分，每一部分控制一台电动机。另外，控制电路依照生产工艺要求，按动作的先后顺序，自上而下、从左到右、并联排列。因此读图时也应当自上而下、从左到右，一个环节一个环节地进行分析。

4）对于机、电、液配合得比较紧密的生产机械，必须进一步了解有关机械传动和液压传动的情况，有时还要借助工作循环图和动作顺序表，配合电器动作来分析电路中的各种联锁关系，以便掌握其全部控制过程。

5）最后阅读照明、信号指示、监测、保护等各辅助电路环节。

6）比较复杂的控制电路，可按照先简后繁、先易后难的原则，逐步解决。因为无论怎样复杂的控制电路，总是由许多简单的基本环节所组成的。阅读时可将它们分解开来，先逐个分析各个基本环节，然后再综合起来全面加以解决。

概括地说，阅读的方法可以归纳为：从机到电、先"主"后"控"、化整为零、连成系统。

电气原理图 5-26 是三相异步电动机点动正转控制电路。该电路由主电路和控制电路两部分构成，其中主电路由低压断路器 QF、熔断器 FU_1 和交流接触器 KM 的 3 个主触点和电动机组成，控制电路由熔断器 FU_2、按钮开关 SB 和接触器 KM 的线圈组成。

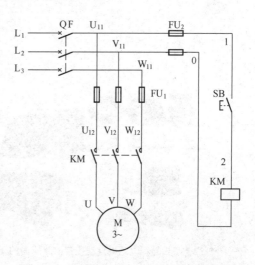

图 5-26　三相异步电动机点动正转控制电路

当合上低压断路器 QF 时，由于接触器 KM 的 3 个主触点处于断开状态，电源无法给电动机供电，电动机不工作。若按下按钮 SB，L_1、L_2 两相电压加到接触器 KM 线圈的两端，有电流流过 KM 的线圈，线圈产生磁场吸合接触器 KM 的动铁心，使 3 个主触点闭合，三相交流电源 L_1、L_2、L_3 通过 QF、FU_1 和接触器 KM 的 3 个主触点给电动机供电，电动机运转。此时，若松开按钮 SB，则无电流通过接触器 KM 的线圈，KM 的动铁心在复位弹簧的作用下复位，带动 3 个主触点断开，电动机停止运转。

在该电路中，按下按钮 SB 时，电动机运转；松开按钮 SB 时，电动机停止运转。所以称这种电路为点动式控制电路。

任务 5.4 三相异步电动机的点动控制

❖ 布置任务

三相异步电动机点动控制是指需要电动机作短时断续工作时，只要按下起动按钮，电动机就转动，松开起动按钮，电动机就断电停转。它是用按钮、接触器来控制电动机运转的最简单的控制电路，如工厂中对车床设备的微调和校准等。那么，如何来安装点动控制电路呢？让我们一起来学习吧！

5.4.1 控制电路安装基本知识

1. 安装控制电路前的准备工作

1）识读原理图。明确电路所用电器元件名称及其作用，熟悉电路的操作过程和工作原理。

2）配齐元器件。列出元器件清单，配齐电气元器件，并逐一进行质量检查。图 5-27 就是三相异步电动机点动控制电路所需的各个元器件。

3）画电气元器件布置图。画出电路中各元器件在配电板上的布置图，如图 5-28 所示。

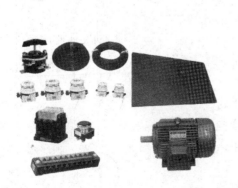

图 5-27 三相异步电动机点动控制电路所需的元器件

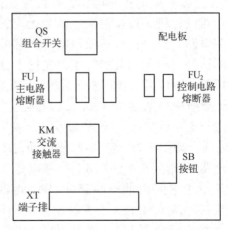

图 5-28 元器件在配电板上的布置图

4）画电气接线图。画出各元器件的电气接线图，画电气接线图时，各元器件的连接要与电路原理图一致，接线图如图 5-29 所示。

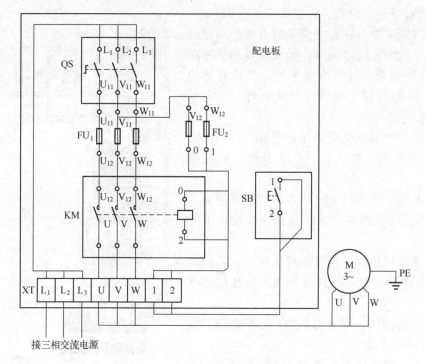

图 5-29　元器件在配电板上的接线图

2. 控制电路安装的基本步骤

1）按安装位置固定电气元器件。将电气元器件安装在控制板上。

2）按工艺要求进行接线。根据电动机容量选配符合规格的导线，分别连接主电路和控制电路。

3）连接导线。连接电动机和所有电气元器件金属外壳的保护接地线，连接电源、电动机及控制板外部的导线。

4）检测电路。检查主电路接线是否正确；用万用表电阻档检查控制电路接线是否正确，防止因接线错误造成不能正常运行或短路事故。

5）通电试车。为保证人身安全，必须在教师监护下通电试车。

3. 控制电路安装的基本工艺要求

（1）安装电气元器件的工艺要求

1）组合开关、熔断器的受电端子应安装在控制板的外侧。

2）各元器件的安装位置应齐整、匀称、间距合理、便于元器件的更换。

3）紧固各器元件时要用力匀称、紧固程度适当。在紧固熔断器、接触器等易碎元器件时，应用手按住元器件一边轻轻摇动，一边用螺钉旋具轮换旋紧对角线上的螺钉，直到手摇不动后再适当旋紧些即可。

（2）板前明线布线的工艺要求

1）布线通道应尽可能少，同时并行导线按主、控电路分类集中、单层密排、紧贴安装面布线，架空跨线不能超过2cm。

2）同一平面的导线应高低一致，不能交叉。非交叉不可时，该根导线应在接线端子引出时，就水平架空跨越，但必须走线合理。

3）走线应平整，转角处应弯成直角，即做到"横平竖直"，如图5-30所示，做线时要用手将拐角做成90°的慢弯，导线弯曲半径为导线直径的3～4倍，不要用钳子将导线做成死弯，以免损伤导线绝缘点及芯线。

4）布线时严禁损伤线芯和导线绝缘。

5）布线顺序一般应按"先主电路，后控制电路"。

6）所有从一个接线端子（或接线桩）到另一个接线端子（或接线桩）的导线必须连续，中间无接头。

7）导线与接线端子或接线桩连接时，不得压绝缘层、不露铜过长，外露裸导线不能超过芯线外径。

8）同一元器件、同一电路的不同接点的导线间距离应保持一致。

9）一个电器元件的接线端子上的导线连接不得多于两根，每节接线端子板上的连接导线一般最多允许连接两根。

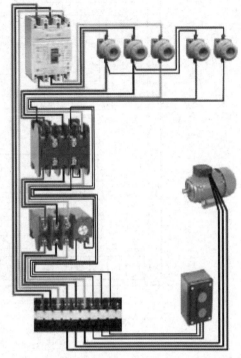

图5-30　布线"横平竖直"

（3）控制板与外部连接应注意

1）控制板与外部按钮、行程开关、电源负载的连接应穿护线管，且连接线用多股软铜线。电源负载也可用橡皮电缆连接。

2）控制板或配电箱内的电气元器件布局要合理，这样既便于接线和维修，又保证安全和整齐。

（4）塑料槽板布线工艺规定

1）较复杂的电气控制设备还可采用塑料槽板布线，槽板应安装在控制板上，要横平竖直。

2）槽板拐弯的接合处应呈直角，要结合严密。

3）将主电路和控制电路导线自由布放到槽内，将接线端的线头从槽板侧孔穿出至电气控制设备、电气元器件的接线端，布线完毕后将槽盖板扣上，槽板外的引线也要力求完美、整齐。

4）导线选用应根据设备容量和设计要求，采用单股芯线或多股软芯线均可。

5）接头、接点工艺处理均按板前布线安装要求进行。

5.4.2　电动机控制电路故障诊断

电气控制电路是用导线将电动机、电器、仪表等电气元器件连接起来，并实现某种要求的电路。根据作用不同分为主电路和控制电路，而电路的表示方法分为原理图和安装接线图。电气维修人员必须精读电气原理图和熟悉电气安装接线图才能很好地完成故障诊断任务。

1. 精读电气原理图

电动机的控制电路是由一些电气元器件按一定的控制关系连接而成的，这种控制关系反映在电气原理图上。为了顺利地安装接线、检查调试和排除电路故障，必须认真阅读原理图。要看懂电路中各电气元器件之间的控制关系及连接顺序，分析电路控制动作，以便确定检查电路的步骤与方法。明确电气元器件的数目、种类和规格。对于比较复杂的电路，还应看懂是由哪些基本环节组成的，分析这些环节之间的逻辑关系。

2. 熟悉安装接线图

电路原理图是为了方便阅读和分析控制原理而用"展开法"绘制的，它并不反映电气元器件的结构、体积和实现的安装位置。为了具体安装接线、检查电路和排除故障，必须根据电路原理图查阅安装接线图。安装接线图中各电气元器件的图形符号及文字符号必须与原理图核对，在查阅中做好记录，减少工作失误。

3. 检查电气元器件

1）检查电气元器件外观是否整洁、外壳有无破裂、零部件是否齐全、各接线端子接线是否紧固及有无锈蚀等现象。

2）检查电气元器件的触点有无熔焊粘连变形或严重氧化锈蚀等现象；开距、超程是否符合要求；压力弹簧是否正常。

3）检查电器的电磁机构和传动部件的运动是否灵活；衔铁有无卡住、吸合位置是否正常；使用前应清除铁心端面的防锈油。

4）用万用表检查所有电磁线圈的通断情况。

5）检查有延时作用的电气元器件功能，如时间继电器的延时动作、延时范围及整定机构的作用；检查热继电器的热元件和触点的动作情况。

6）核对各电气元器件的规格与图样要求是否一致。

4. 接线的检查与维修

1）选择合适截面的导线，按接线图规定的方位，在固定好的电气元器件之间测量需要的长度，截取长短适当的导线，剥去导线两端绝缘皮，其长度应满足连接需要。为保证导线与端子接触良好，压接时将芯线表面的氧化物去掉，使用多股导线时，应将线头绞紧烫锡。

2）做好的导线应绑扎成束用非金属线卡卡好。

3）将成型好的导线套上线号管，根据接线端子的情况，将芯线弯成圆环或直接压进接线端子。

4）接线端子应紧固好，必要时装设弹簧垫圈，防止电器动作时因受振动而松脱。

5）同一接线端子内压接两根以上导线时，可套一个线号管。导线截面不同时，应将截面大的放在下层。所有线号要用不易褪色的墨水，用印刷体书写清楚。

5. 电路的检查

1）核对接线。对照原理图、接线图，从电源端开始逐段核对端子接线线号，排除错误和漏接线现象，重点检查控制电路中容易错接线的线号，还应核对同一导线两端线号是否一致。

2）检查端子接线是否牢固。检查端子上所有接线压线是否牢固，接触是否良好，不允许有松动、脱落现象，以免通电试车时因导线虚接造成故障。

3）用万用表检查。在控制电路不通电时，用手动来模拟电器的操作动作，用万用表测量电路的通断情况。应根据控制电路的动作来确定检查步骤和内容；根据原理图和接线图选择测量点，先断开控制电路检查主电路，再断开主电路检查控制电路，主要检查以下内容：

① 主电路不带负荷（即电动机）时相间绝缘情况，接触主触点接触的可靠性，正反转控制电路的电源换相电路和热继电器、热元件是否良好，动作是否正常等。

② 控制电路的各个环节及自保、联锁装置的动作情况及可靠性，设备的运动部件、联动元器件动作的正确性及可靠性，保护电器动作准确性等。

举例说明：用万用表电阻分段测量法。图 5-31 所示为电阻分段测量法检查和判断电动机点动控制电路的示意图，如故障为"按下起动按钮 SB$_1$，接触器 KM 不吸合"，检测方法如下：

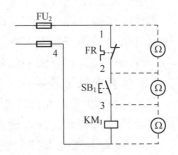

图 5-31 电阻分段测量法检查和判断电动机点动控制电路的示意图

切断电源，用万用表电阻档测"1-2"之间的电阻，若阻值为零表示电路正常，若阻值很大表示对应点的导线或热继电器 FR（"1-2"间）可能接触不良或开路。

按下起动按键 SB$_1$，测量"2-3"之间的电阻。若阻值为零，说明电路正常；如阻值很大，表示导线或起动按钮 SB$_1$ 接触不良或开路。

测量"3-4"之间的电阻，若阻值等于线圈的直流电阻，说明电路正常；若阻值为零，说明线圈短路；若阻值超过线圈的直流电阻很多，表示导线与线圈的连接点接触不良或开路。

6. 试车

1）空操作试验。装好控制电路中熔断器熔体，不接主电路负载，试验控制电路的动作是否可靠，接触器动作是否正常，检查接触器自保、联锁控制是否可靠，用绝缘棒操作行程开关，检查其行程及限位控制是否可靠，观察各电气动作灵活性，注意有无卡住现象，细听各电气动作时有无过大的噪声，检查线圈有无过热及异常气味。

2）带负载试车。控制电路经过数次空操作试验动作无误后，即可断开电源，接通主电路带负载试车。电动机起动前就先做好停车准备，起动后要注意电动机运行是否正常。若发现电动机起动困难、发出异常噪声、电动机过热、电流表指示不正常，应立即停车断开电源进行检查。

3）有些电路的控制动作需要调试，如定时运转电路的运行和间隔的时间；丫-△起动控制电路的转换时间；反接制动控制电路的终止速度等。

试车正常后，才能投入运行。

5.4.3 电动机点动控制电路

1. 电动机点动控制电路原理图

三相笼型异步电动机点动正转控制电路图如图 5-32 所示。该电路由主电路和控制电路两部分构成，其中主电路由低压断路器 QF、熔断器 FU$_1$ 和交流接触器 KM 的 3 个主触点和电动机组成，控制电路由熔断器 FU$_2$、按钮 SB 和接触器 KM 的线圈组成。

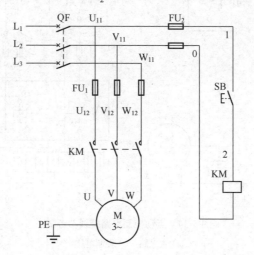

图 5-32 三相笼型异步电动机点动正转控制电路图

由于电动机起动时的电流较大，熔断器的额定电流值选择较大，为电动机额定电流的 1.5 ~ 2.5 倍。熔断器只能在电动机短路时熔断保护。

电动机点动正转控制的操作过程和工作原理如下：

合上低压断路器 QF。

1）起动。

按下按钮 SB →接触器 KM 的线圈通电使动铁心吸合→主触点闭合→电动机 M 起动运行。

2）停车。

松开按钮 SB →接触器 KM 的线圈失电使动铁心释放→主触点断开→电动机 M 断电停车。

停止使用时，断开低压断路器 QF。

2. 电动机点动控制电路安装

电动机点动控制电路安装及点动功能实现步骤如下。

1）固定元器件。

将元器件固定在控制板上。要求元器件安装牢固，并符合工艺要求。点动控制电路元器件布置参考图如图 5-33 所示，按钮 SB 可安装在控制板外。

2）安装主电路。

根据电动机容量选择主电路导线，按电气控制电路图接好主电路。点动控制电路主电路接线参考图如图 5-34a 所示。

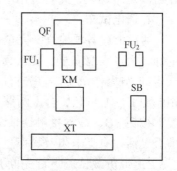

图 5-33 点动控制电路元器件布置

参考图

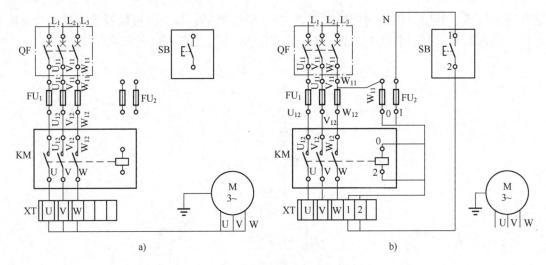

图 5-34 点动控制电路接线参考图

a）主电路 b）控制电路

3）安装控制电路。

根据电动机容量选择控制电路导线，按电气控制电路图接好控制电路。点动控制电路接线参考图如图 5-34b 所示。

3. 电动机点动控制电路检查

1）主电路接线检查。

按电路图或接线图从电源端开始，逐段核对接线有无漏接、错接、冗接之处，检查导线接点是否符合要求，压接是否牢固，以免带负载运行时产生闪弧现象。

2）控制电路接线检查。

用万用表电阻档检查控制电路接线情况。检查时，应选用倍率适当的电阻档，并进行欧姆调零。断开主电路，将表笔分别搭在 W_{11}、N 线端上，读数应为"∞"。按下"点动"按钮 SB 时，万用表读数应为接触器线圈的直流电阻值（如 CJ10–10 线圈的直流电阻值约为 1800Ω）；松开按钮 SB，万用表读数应为"∞"。然后断开控制电路再检查主电路有无开路或短路现象，此时可用手动来代替按钮进行检查。

4. 通电试车

通过上述各项检查，完全合格后，检查三相电源，将热继电器按电动机的额定电流整定好，为了人身安全，要认真执行安全操作规程的有关规定，由老师检查并现场监护。

1）空操作试验。首先拆除电动机定子绕组的接线（XT 端子排上 U、V、W）接通三相电源 L_1、L_2、L_3，合上断路器 QF，用验电笔检查熔断器出线端，氖管亮说明电源接通。按下按钮 SB，观察接触器情况是否正常、是否符合电路功能要求；观察电器元器件动作是否灵活，有无卡阻及噪声过大现象。

2）带负载试验。首先断开电源（拉开断路器 QF），接上电动机定子绕组接线，合上断路器 QF，按下按钮 SB，观察电动机运行是否正常。若有异常，立即停车检查，放开按钮 SB，电动机停止运转。

任务 5.5　三相异步电动机起停控制

❖ 布置任务

三相电动机连续控制电路是指当按下起动按钮后，电路接通，随后，当松开起动按钮时，控制电路仍保持接通，电动机仍继续运转工作。那么，三相电动机连续控制电路如何安装呢？让我们一起来学习吧！

如果要使电动机经过按钮起动后，在松开按钮时仍能连续运转，在点动控制电路的基础上，将接触器 KM 的一个常开辅助触点并联在起动按钮 SB_1 的两端，同时，控制电路中再串联一个停止按钮 SB_2 控制电动机的停转，其原理图如图 5-35 所示。

在电路中，当按下按钮 SB_1 时，接触器 KM 的常开辅助触点因为 KM 线圈得电而闭合，这时即使放开按钮 SB_1，KM 线圈仍因 KM 的常开辅助触点闭合得电而闭合，这种现象也称为自锁。

从图 5-35 可以看出，电路中增加了一个热继电器 FR，其热元件串接在主电路中，一个常闭触点串接在控制电路。当电动机过载

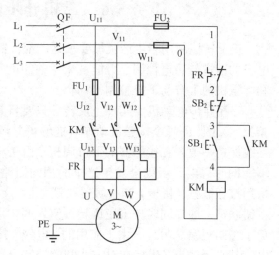

图 5-35　三相异步电动机起停控制电路图

运行时，流过热继电器热元件的电流偏大（该电流比熔断器的额定电流小），热膨胀系数不同的双金属片因受热而弯曲，通过传动机构将常闭触点断开，控制电路被切断，接触器 KM 线圈失电，主电路中的接触器 KM 的主触点断开，电动机供电被切断而停转，起到过载保护的作用。

三相笼型异步电动机连续控制电路的操作过程和工作原理如下：

合上低压断路器 QF。

1）起动。

按下按钮 SB_1→接触器 KM 线圈通电吸合→KM 主触点闭合、KM 常开辅助触点（自锁触点）闭合→电动机起动运行。

2）停车。

按下停止按钮 SB_2→接触器 KM 线圈失电释放→KM 主触点断开、KM 常开辅助触点（自锁触点）断开→电动机断电停止。

断开低压断路器 QF。

该控制电路还能实现欠电压和过电压保护。

欠电压保护是指当电源电压偏低（一般低于额定电压的 85%）时切断电动机的供电，让电动机停止运转。欠电压保护过程分析如下：电源电压偏低，L_1、L_2 两相间的电压偏低，接触器 KM 线圈两端电压偏低，产生的吸合力小，不足以继续吸合 KM 的动铁心，KM

的主、辅常开触点断开，电动机供电被切断而停转。

失电压保护是指当电源电压消失时切断电动机的供电途径，并保证在重新供电时无法自行起动。失电压保护过程分析如下：电源电压消失，L_1、L_2 两相间的电压消失，KM 线圈失电，KM 主、辅常开触点断开，电动机供电被切断。在重新供电后，由于主、辅常开触点已断开，并且起动按钮 SB_1 也处于断开状态，因此电路不会自动为电动机供电。

任务 5.6　三相异步电动机的正反转控制

正反转控制用于生产机械要求运动部件需要正反两个方向运动的场合。如机床工作台电机的前进与后退控制、万能铣床主轴的正反转控制、圈板机的辊子的正反转控制、电梯和起重机的上升与下降控制等场合。

三相异步电动机要实现正反转，只要将其电源的相序中任意两相对调即可（简称为换相）。为了保证两个接触器动作时能够可靠调换电动机的相序，接线时应使接触器的上口接线保持一致，在接触器的下口调相。由于将两相相序对调，故须确保两个接触器的线圈不能同时得电，否则会发生严重的相间短路故障，因此必须采取联锁。为安全起见，常采用按钮联锁（机械）和接触器联锁（电气）的双重联锁正反转控制电路。使用了（机械）按钮联锁，即使同时按下正反转按钮，调相用的两个接触器也不可能同时得电，机械上避免了相间短路。另外，由于应用的（电气）接触器间的联锁，所以只要其中一个接触器得电，其常闭触点（串接在对方线圈的控制电路中）就不会闭合，这样在机械、电气双重联锁的应用下，电动机的供电系统不可能发生相间短路，有效地保护了电动机，同时也避免在调相时相间短路造成事故，烧坏接触器。

电动机正反转控制电路原理图如图 5-36 所示，其原理分析如下：

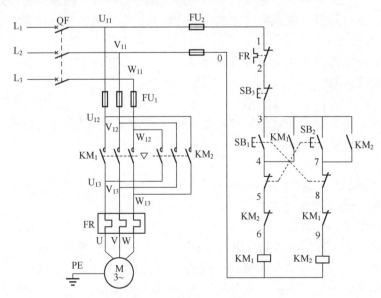

图 5-36　电动机正反转控制电路原理图

（1）控制原理

当按下正转起动按钮 SB_1 后，电源相通过热继电器 FR 的动断触点、停止按钮 SB_3 的动断触点、正转起动按钮 SB_1 的动合触点、反转交流接触器 KM_2 的常闭辅助触点、正转交流接触器 KM_1 线圈，使正转接触器 KM_1 通电而动作，其主触点闭合使电动机正向转动运行，并通过接触器 KM_1 的常开辅助触点自保持运行。反转起动过程与上面相似，只是接触器 KM_2 动作后，调换了两根电源线 U、W 相（即改变电源相序），从而达到反转目的。

（2）互锁原理

接触器 KM_1 和 KM_2 的主触点决不允许同时闭合，否则会造成两相电源短路事故。为了保证一个接触器得电动作时，另一个接触器不能得电动作，以避免电源的相间短路，就在正转控制电路中串接了反转接触器 KM_2 的常闭辅助触点，而在反转控制电路中串接了正转接触器 KM_1 的常闭辅助触点。当接触器 KM_1 得电动作时，串在反转控制电路中的 KM_1 的常闭触点分断，切断了反转控制电路，保证了 KM_1 主触点闭合时，KM_2 的主触点不能闭合。同样，当接触器 KM_2 得电动作时，KM_2 的常闭触点分断，切断了正转控制电路，可靠地避免了两相电源短路事故的发生。这种在一个接触器得电动作时，通过其常闭辅助触点使另一个接触器不能得电动作的作用叫联锁（或互锁）。实现联锁作用的常闭触点称为联锁触点（或互锁触点）。

5.7　习题

一、选择题

1.在星形联结的三相电源中，线电压 U_L 与相电压 U_p 的关系为（　　）。

A. $U_L = \sqrt{3} U_p$ 　　　B. $U_L = \sqrt{2} U_p$ 　　　C. $U_L = \dfrac{1}{\sqrt{3}} U_p$ 　　　D. $U_L = \dfrac{1}{\sqrt{2}} U_p$

2.动力供电线路中，采用星形联结三相四线制供电，交流电频率为 50Hz，线电压为 380V，则（　　）。

A.线电压为相电压的 $\sqrt{3}$ 倍　　　　　B.相电压最大值为 380V

C.相电压的瞬时值为 220V　　　　　　D.交流电的周期为 0.2s

3.对称三相负载为三角形联结时，线电流的大小为相电流的（　　）倍。

A. 3　　　　　B. $\sqrt{3}/3$　　　　　C. $\sqrt{3}$　　　　　D. $\sqrt{2}$

4.三相动力供电系统的电压是 380V，则任意两根相线之间的电压为（　　）。

A.相电压，有效值是 380V　　　　　B.相电压，有效值是 220V

C.线电压，有效值是 380V　　　　　D.线电压，有效值是 220V

5.三相交流发电机 3 个线圈产生的 3 个电动势，下列正确的说法是（　　）。

A.最大值不等　　　　　　　　　　B.同时达到最大值

C.周期不同　　　　　　　　　　　D.达到最大值的时间依次落后 1/3 周期

6.3 盏规格相同的白炽灯按图 5-37 所示接在三相交流电路中，都能正常发光。若 H_1 出现断路故障，则 H_2、H_3 将（　　）。

A.其中一个或都烧毁

B. 不受影响，正常发光

C. 都略为增亮

D. 都略为变暗

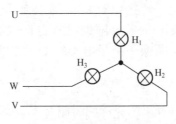

图 5-37 选择题第 6 题图

二、判断题

1. 在对称三相电路中，负载的额定电压等于电源线电压时，三相负载应采用三角形接法。（   ）

2. 在对称三相四线制电路中，中性线电流为零。（   ）

3. 在三相三线制中，只有当负载完全对称时，3 个线电流之和才等于零。（   ）

4. 在三相四线制供电线路中，中性线上可以安装熔断器和开关。（   ）

5. 对称三相电源的 $U_U + U_V + U_W = 0$。（   ）

6. 两根相线间的电压叫作相电压。（   ）

7. 最大值相等、频率相同、相位互差 120° 的三相负载称为对称三相负载。（   ）

8. 三相负载作星形联结时，无论负载对称与否，线电流必等于负载的相电流。（   ）

9. 三相负载的相电流是指电源相线中的电流。（   ）

10. 三相负载作三角形联结时，无论负载对称与否，线电流必是相电流的 $\sqrt{3}$ 倍。

（   ）

三、填空题

1. 三相四线制供电线路中，相线与中性线之间的电压叫作_____，相线与相线之间的电压叫作_____。

2. _____、_____ 和 _____ 的 3 个正弦交流电压称为对称三相电压。

3. 已知采用正序的对称三相电压，其中 $u_V = 8\sin314t$ V，请写出其他两相电压的瞬时值表达式 $u_U = $ _____，$u_W = $ _____。

4. 在三相电源电压一定的情况下，对称负载三角形联结的功率是星形联结的____倍。

5. 三相对称负载作星形联结时，$U_{YP} = $ ____U_{YL}，且 $I_{YP} = $ ____I_{YL}，此时中性线电流为____。

6. 线电压为 380V 的三相电源，接入 A、B 两组三相对称负载，如图 5-38 所示。其中____组接法为三角形联结，____组的接法为星形联结。若各组电阻阻值如图 5-38 所示，则星形联结负载的线电流为_____，负载消耗的功率为_____；三角形联结负载的线电流为_____，负载消耗的功率为_____。

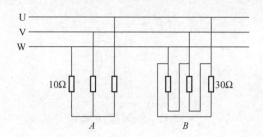

图 5-38 填空题第 6 题图

四、综合题

1.一台三相交流电动机,定子绕组星形联结,由 $U_L = 380V$ 的对称三相电源供电,其线电流 $I_L = 2.2A$,$\cos\varphi = 0.8$。试求每相绕组的阻抗 Z。

2.已知对称三相交流电路,每相负载的电阻 $R = 8\Omega$,感抗 $X_L = 6\Omega$。

1)设电源电压 $U_L = 380V$,求负载星形联结时的相电流、相电压和线电流,并画相量图。

2)设电源电压 $U_L = 220V$,求负载三角形联结时的相电流、相电压和线电流,并画相量图。

3)设电源电压 $U_L = 380V$,求负载三角形联结时的相电流、相电压和线电流,并画相量图。

3.已知电路如图 5-39 所示。电源电压 $U_L = 380V$,每相负载的阻抗 $R = X_L = X_C = 10\Omega$。

1)该三相负载能否称为对称负载?为什么?

2)计算线电流和各相电流,画出相量图。

3)求三相总功率。

4.图 5-40 所示的三相四线制电路,三相负载连接成星形,已知电源线电压为 380V,负载电阻 $R_a = 11\Omega$、$R_b = R_c = 22\Omega$。试求:

1)负载的各相电压、相电流、线电流和三相总功率。

2)中性线断开、A 相又短路时的各相电流和线电流。

3)中性线断开、A 相断开时的各线电流和相电流。

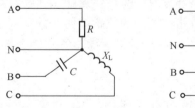

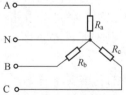

图 5-39 综合题第 3 题图　　图 5-40 综合题第 4 题图

5.三相对称负载三角形联结,其线电流 $I_L = 5.5A$,有功功率 $P = 7760W$,功率因数 $\cos\varphi = 0.8$。求电源的线电压 U_L、电路的无功功率 Q 和每相阻抗 $|Z|$。

6.电路如图 5-41 所示,已知 $Z = 12 + j16\Omega$,$I_L = 32.9A$。求 U_L。

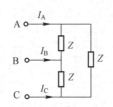

图 5-41　综合题第 6 题图

7. 对称三相负载星形联结，已知每相阻抗为 $Z = 31 + j22\,\Omega$，电源线电压为 380V，求三相电路的有功功率、无功功率、视在功率和功率因数。

8. 在线电压为 380V 的三相电源上，接有两组电阻性对称负载，如图 5-42 所示。试求电路中的总线电流 I 和所有负载的有功功率之和。

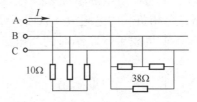

图 5-42　综合题第 8 题图

9. 对称三相电阻作三角形联结，每相电阻值为 $38\,\Omega$，接于线电压为 380V 的对称三相电源上。试求负载相电流 I_P、线电流 I_L 和三相有功功率 P，并绘出各电压电流的相量图。

10. 对称三相电源，线电压 $U_L = 380\text{V}$，对称三相感性负载作三角形联结，若测得线电流 $I_L = 17.3\text{A}$、三相功率 $P = 9.12\text{kW}$，求每相负载的电阻和感抗。

11. 对称三相电源，线电压 $U_L = 380\text{V}$，对称三相感性负载作星形联结，若测得线电流 $I_L = 17.3\text{A}$、三相功率 $P = 9.12\text{kW}$，求每相负载的电阻和感抗。

12. 三相异步电动机的 3 个阻抗相同的绕组连接成三角形，接于线电压 $U_L = 380\text{V}$ 的对称三相电源上，若每相阻抗 $Z = 8 + j6\,\Omega$，试求此电动机工作时的相电流 I_P、线电流 I_L 和三相有功功率 P。

13. 电气图分为哪几类？各有什么用途？

14. 电气原理图的阅读方法归纳起来是怎样的？

15. 阅读电气原理图中的控制电路部分时，应当注意什么问题？

16. 绘制电气原理图时，各部分电路在图中的位置如何安排？

17. 电气原理图、电器元件布置图、电气安装接线图各有什么作用？三者之间有什么关系？

18. 电气控制电路的基本要求有哪些？

19. 说明三相异步电动机点动控制的工作原理。

20. 说明三相异步电动机起停控制的工作原理。

21. 说明三相异步电动机正反转控制的工作原理。

22. 图 5-43 为三相笼型异步电动机两地控制电路，它可以分别在甲、乙两地控制接触器 KM 的通断，其中甲地的起停按钮为 SB_1、SB_2，乙地的起停按钮为 SB_3、SB_4。请分析电路的操作过程和工作原理。

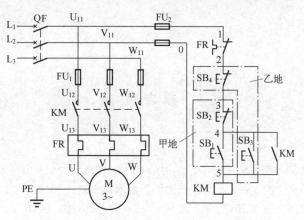

图 5-43 三相笼型异步电动机两地控制电路

参 考 文 献

[1]　王建.维修电工技师手册 [M].2 版.北京：机械工业出版社，2013.

[2]　李正吾.新电工手册 [M].3 版.合肥：安徽科学技术出版社，2019.

[3]　曹建林，邵泽强.电工技术 [M].3 版.北京：高等教育出版社，2016.

[4]　林训超，梁颖.电工技术与应用 [M].北京：高等教育出版社，2013.

[5]　王慧玲.电路基础 [M].4 版.北京：高等教育出版社，2019.

[6]　饶蜀华.电工电子技术基础 [M].北京：北京理工大学出版社，2008.

[7]　乔东明，檀立慧.简明实用电工手册 [M].4 版.北京：机械工业出版社，2013.

[8]　冯澜.电路基础 [M].北京：机械工业出版社，2015.

[9]　仇超，庞宇峰.电工技术 [M].3 版.北京：机械工业出版社，2021.

[10]　张石，刘晓志.电工技术 [M].北京：机械工业出版社，2012.

电工技术一体化教程

第 2 版

任务工单

姓　　名＿＿＿＿＿＿＿＿

专　　业＿＿＿＿＿＿＿＿

班　　级＿＿＿＿＿＿＿＿

任课教师＿＿＿＿＿＿＿＿

机 械 工 业 出 版 社

目　　录

任务1 安全用电及急救任务实施

1. 任务目标

1）了解触电、电气火灾等常见电气意外。

2）熟悉安全用电常识，出现电气意外事故，能及时处理。

2. 操作分析

（1）案例分析

收集触电案例和电气火灾案例，从一名专业电工的角度进行案例分析。

（2）安全检查

对学习和生活环境进行安全检查，提出整改措施。

（3）触电急救

设置模拟触电情景，进行低压触电时脱离电源的方法练习以及人工呼吸法和心脏按压法的急救练习。

3. 学生工作页

课题序号		日期		地点	
课题名称		安全知识及触电急救		课时	2

一．训练内容

人工呼吸法和心脏按压法的急救练习。

二．材料及量具

模拟橡皮人一具，秒表一块。

三．训练步骤

1）选择急救方法。根据触电者有呼吸而心脏停搏，应选择胸外心脏按压法。

2）实施救护。把触电者放在结实坚硬的地板或木板上，使触电者伸直仰卧，救护者两腿跪跨于触电者胸部两侧，先找到正确的按压点，然后两手叠压，迅速开始施救。

四．课后体会

_____

_____

_____

_____

任务2　电工工具和材料任务实施

1. 任务目标

1）熟悉电工常用材料的种类和使用。

2）熟悉电工常用工具的种类。

3）掌握电工常用工具的使用技能。

2. 操作分析

（1）认一认　电工材料和电工工具

准备各种电工材料，说明各种材料的名称和用途。准备各种电工工具，说出各工具的名称和使用方法。

（2）找一找　电工材料

在实训场所找一找电工材料。

（3）比一比　电工材料的价格和性能

到商场和网络查询常用电工材料。

（4）做一做　电工工具的使用

1）用低压验电笔测试市电插座。

2）剥线钳剥削导线和电线电缆。

3. 学生工作页

课题序号		日期		地点	
课题名称	常用电工材料和工具的使用			课时	1

一. 训练内容

1）用低压验电笔测试市电插座。

2）使用剥线钳剥削导线和电线电缆。

二. 材料及量具

验电器、剥线钳和废旧塑料单芯导线、电线电缆若干。

三. 训练步骤

1）用低压验电笔测试实验室内的三相交流电和正常插座。

2）用剥线钳剥削导线。

3）用剥线钳剥削电线电缆。

四. 课后体会

_____

_____

_____

_____

任务3 电工仪器仪表任务实施

1.任务目标

1）熟悉实验台上各类电源及测量仪表的布局和使用方法。

2）了解万用表的一般用途。

3）熟悉电工仪表测量误差的计算方法。

2.操作分析

1）熟悉实验台上电工仪表的表盘标记和参数。

2）在实验中正确选择和使用仪表，掌握电工测量的方法。

3）了解万用表的一般用途。

4）了解测量误差产生的原因，熟悉电工仪表测量误差的计算方法。

3.学生工作页

课题序号		日期		地点	
课题名称		基本电工仪表的使用		任务课时	2

一．训练内容

1）熟悉实验台上电工仪表的表盘标记和参数。

2）在实验中正确选择和使用仪表，掌握电工测量的方法。

3）了解万用表的一般用途。

4）了解测量误差产生的原因，熟悉电工仪表测量误差的计算方法。

二．材料及量具

电工实验台、直流电压表、直流毫安表、万用表。

三．训练步骤

1）由指导教师介绍电工实验台的结构与功能。

2）分别观察万用表、直流电压表、直流毫安表的表面标记与型号，并列表将它们记录下来，说明它们所代表的意义。

3）调节直流稳压电源旋钮，使输出端分别获得5.8V和28.2V的电压，将调节步骤记录下来。

4）用万用表测定直流稳压电源的输出电压，选择万用表合适的档位和量程，分别测量上述直流稳压源输出电压。

5）用万用表直流电压表测量图1电路中R_2上的电压U_{R_2}的值，并计算测量的绝对误差与相对误差，填入表1中。

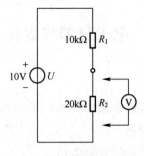

图 1 电路图

表 1 测量结果记录表

U/V	R_1/kΩ	R_2/kΩ	计算值 U_{R2} 计 /V	实测值 U_{R2} 测 /V	绝对误差 ΔU	相对误差 $(\Delta U/U) \times 100\%$
10	10	20				

四. 课后体会

_____

_____

_____

_____

任务4 基尔霍夫定律验证

1. 任务目标
1）验证基尔霍夫定律的正确性，加深对基尔霍夫定律的理解。
2）进一步学会使用电压表、电流表。
2. 操作分析
1）应用基尔霍夫定律检查实验数据的合理性，加深对电路定律的理解。
2）学会用电流插头、插座测量各支路电流。
3. 学生工作页

课题序号		日期		教室	
课题名称		基尔霍夫定律验证		任务课时	2
任务器材	表2　基尔霍夫定律验证用任务器材				
	序号	名称	型号与规格	数量	备注
	1	可调直流稳压电源	0~30V 可调	二路	
	2	万用表		1	自备
	3	直流数字电压表	0~200V	1	
	4	直流数字毫安表	0~2000mA	1	
	5	电阻实验箱			HE-11
	6	电流插座		3	

一. 准备知识

基尔霍夫定律是电路的基本定律。测量某电路的各支路电流及每个元件两端的电压，应能分别满足基尔霍夫电流定律（KCL）和电压定律（KVL）。即对电路中的任一个节点而言，应有 $\sum I = 0$；对任何一个闭合回路而言，应有 $\sum U = 0$。

运用上述定律时必须注意各支路或闭合回路中电流的正方向，此方向可预先任意设定。

二. 训练内容

1）应用基尔霍夫定律检查实验数据的合理性，加深对电路定律的理解。
2）学会用电流插头、插座测量各支路电流。

三. 材料及量具

可调直流稳压电源、万用表、直流数字电压表、直流数字毫安表、电阻实验箱、电流插座。

四. 训练步骤

实验电路如图2所示。

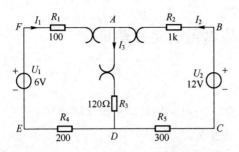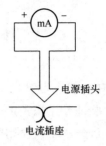

图 2 基尔霍夫定律验证实验电路

1) 实验前先任意设定 3 条支路和 3 个闭合回路的电流正方向。图 2 中的 I_1、I_2、I_3 的方向已设定。3 个闭合回路的电流正方向可设为 $ADEFA$、$BADCB$ 和 $FBCEF$。

2) 分别将两路直流稳压源接入电路，令 $U_1 = 6V$，$U_2 = 12V$。

3) 熟悉电流插头的结构，将电流插头的两端接至数字毫安表的"＋""－"两端。

4) 将电流插头分别插入 3 条支路的 3 个电流插座中，读出并记录电流值于表 3 中。

5) 用直流数字电压表分别测量两路电源及电阻元件上的电压值，记录于表 3 中。

表 3　基尔霍夫定律验证记录表

测量项目	I_1/mA	I_2/mA	I_3/mA	U_1/V	U_2/V	U_{FA}/V	U_{AB}/V	U_{AD}/V	U_{CD}/V	U_{DE}/V
计算值										
测量值										
相对误差										

五.实验注意事项

1) 需用到电流插座。

2) 所有需要测量的电压值，均以电压表测量的读数为准。U_1、U_2 也需测量，不应取电源本身的显示值。

3) 防止稳压电源两个输出端碰线短路。

4) 用数字电压表或电流表测量，则可直接读出电压或电流值。但应注意：所得的电压或电流值的正确正、负号应根据设定的电流参考方向来判断。

六.实验报告

1) 根据实验数据，选定节点 A，验证 KCL 的正确性。

2) 根据实验数据，选定实验电路中的任一个闭合回路，验证 KVL 的正确性。

3) 误差原因分析。

七.课后体会

_____

_____

_____

_____

任务5　叠加定理的验证

1. 任务目标

验证线性电路叠加定理的正确性，加深对线性电路的叠加性和齐次性的认识和理解。

2. 操作分析

1）应用叠加定理检查实验数据的合理性，加深对叠加定理的理解。

2）学会用电流插头、插座测量各支路电流。

3. 学生工作页

课题序号		日期		教室	
课题名称		叠加定理验证		任务课时	2

表4　叠加定理验证用任务器材

	序号	名称	型号与规格	数量	备注
任务器材	1	直流稳压电源	0~30V 可调	二路	
	2	直流数字电压表	0~200V	1	
	3	直流数字毫安表	0~200mA	1	
	4	叠加原理实验电路板		1	DGJ-03

一. 准备知识

叠加定理指出：在有多个独立源共同作用的线性电路中，通过每一个元件的电流或其两端的电压，可以看成是由每一个独立源单独作用时在该元件上所产生的电流或电压的代数和。

线性电路的齐次性是指当激励信号（某独立源的值）增加 K 倍（或减小到 $1/K$）时，电路的响应（即在电路中各电阻元件上所建立的电流和电压值）也将增加 K 倍（或减小到 $1/K$）。

二. 实验注意事项

1）用电流插头测量各支路电流时，或者用电压表测量电压降时，应注意仪表的极性，正确判断测得值的"＋""－"号后，记入数据表格。

2）注意仪表量程的及时更换。

三. 训练步骤

实验电路如图3所示，用DGJ-03挂箱的"基尔霍夫定律/叠加原理"电路。

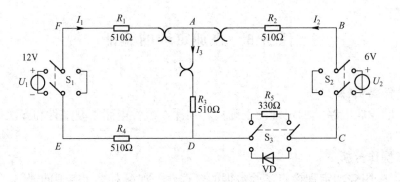

图 3　叠加定理验证

1）将两路稳压源的输出分别调节为 12V 和 6V，接入 U_1 和 U_2 处。

2）令 U_1 电源单独作用（将开关 S_1 投向 U_1 侧，开关 S_2 投向短路侧）。用直流数字电压表和毫安表（接电流插头）测量各支路电流及各电阻元件两端的电压，数据记入表 5。

表 5　叠加定理验证记录表（一）

测量项目 实验内容	U_1/V	U_2/V	I_1/mA	I_2/mA	I_3/mA	U_{AB}/V	U_{CD}/V	U_{AD}/V	U_{DE}/V	U_{FA}/V
U_1 单独 作用										
U_2 单独 作用										
U_1、U_2 共同作用										
$2U_2$ 单独 作用										

3）令 U_2 电源单独作用（将开关 S_1 投向短路侧，开关 S_2 投向 U_2 侧），重复实验步骤 2）的测量和记录，数据记入表 5。

4）令 U_1 和 U_2 共同作用（开关 S_1 和 S_2 分别投向 U_1 和 U_2 侧），重复上述的测量和记录，数据记入表 5。

5）将 U_2 的数值调至 +12V，重复上述步骤 3）的测量并记录，数据记入表 5。

6）将 R_5（330Ω）换成二极管 1N4007（即将开关 S_3 投向二极管 1N4007 侧），重复步骤 1）～5）的测量过程，数据记入表 6。

7）任意按下某个故障设置按键，重复实验内容 4）的测量和记录，再根据测量结果判断故障的性质。

表 6　叠加定理验证记录表（二）

测量项目 实验内容	U_1/V	U_2/V	I_1/mA	I_2/mA	I_3/mA	U_{AB}/V	U_{CD}/V	U_{AD}/V	U_{DE}/V	U_{FA}/V
U_1 单独 作用										

测量项目 实验内容	U_1/V	U_2/V	I_1/mA	I_2/mA	I_3/mA	U_{AB}/V	U_{CD}/V	U_{AD}/V	U_{DE}/V	U_{FA}/V
U_2 单独 作用										
U_1、U_2 共同作用										
$2U_2$ 单独 作用										

四．实验报告

1．根据实验数据表 5，进行分析、比较、归纳，总结实验结论，即验证线性电路的叠加性与齐次性。

2．各电阻器所消耗的功率能否用叠加原理计算得出？试用上述实验数据，选两个电阻进行计算并做结论。

3．通过实验步骤 6）及分析表 6 的数据，你能得出什么样的结论？

五．课后体会

任务6 戴维南定理验证

1. 任务目标

1）验证戴维南定理和诺顿定理的正确性，加深对该定理的理解。

2）掌握测量有源二端网络等效参数的一般方法。

2. 操作分析

1）应用戴维南定理检查实验数据的合理性，加深对电路定理的理解。

2）学会用开路电压、短路电流法测 R_0。

3）学会用伏安法测 R_0。

4）学会用半电压法测 R_0。

5）学会用零示法测 U_{OC}。

3. 学生工作页

课题序号		日期		教室	
课题名称		戴维南定理验证		任务课时	2
任务器材	任务器材见表7。 **表7 戴维南定理验证用任务器材**				

表7 戴维南定理验证用任务器材

序号	名称	型号与规格	数量	备注
1	可调直流稳压电源	0 ~ 30V	1	
2	可调直流恒流源	0 ~ 500mA	1	
3	直流数字电压表	0 ~ 200V	1	
4	直流数字毫安表	0 ~ 2000mA	1	
5	万用表		1	自备
6	可调电阻箱	0 ~ 99999.9Ω	1	HE-19
7	电位器	1kΩ/2W	1	HE-19
8	戴维南定理实验电路板		1	HE-12

一. 准备知识

（1）任何一个线性含源网络，如果仅研究其中一条支路的电压和电流，则可将电路的其余部分看作是一个有源二端网络（或称为含源一端网络）。

戴维南定理指出：任何一个线性有源网络，总可以用一个电压源与一个电阻的串联来等效代替，此电压源的电动势 U_s 等于这个有源二端网络的开路电压 U_{OC}，其等效内阻 R_0 等于该网络中所有独立源均置零（理想电压源视为短接，理想电流源视为开路）时的等效电阻。

U_{OC}（U_S）和 R_0 或者 I_{SC}（I_S）和 R_0 称为有源二端网络的等效参数。

（2）有源二端网络等效参数的测量方法

1）开路电压、短路电流法测 R_0。

在有源二端网络输出端开路时，用电压表直接测其输出端的开路电压 U_{OC}，然后再将其输出端短路，用电流表测其短路电流 I_{SC}，则等效内阻为：

$$R_0 = \frac{U_{OC}}{I_{SC}}$$

如果二端网络的内阻很小，若将其输出端口短路则易损坏其内部元件，因此不宜用此法。

2）伏安法测 R_0。

用电压表、电流表测出有源二端网络的外特性曲线，如图 4 所示。根据外特性曲线求出斜率 $\tan\varphi$，则内阻：

$$R_0 = \tan\varphi = \frac{\Delta U}{\Delta I} = \frac{U_{OC}}{I_{SC}}$$

也可以先测量开路电压 U_{OC}，再测量电流为额定值 I_N 时的输出。

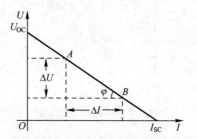

图 4　有源二端网络的外特性曲线

3）半电压法测 R_0。

半电压法测 R_0 如图 5 所示，当负载电压为被测网络开路电压的一半时，负载电阻（由电阻箱的读数确定）即为被测有源二端网络的等效内阻值。

4）零示法测 U_{OC}。

在测量具有高内阻有源二端网络的开路电压时，用电压表直接测量会造成较大的误差。为了消除电压表内阻的影响，往往采用零示测量法，如图 6 所示。

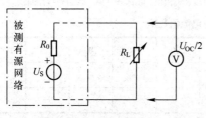

图 5　半电压法测 R_0

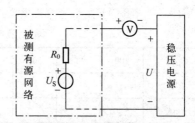

图 6　零示法测 U_{OC}

零示法测量原理是用一低内阻的稳压电源与被测有源二端网络进行比较，当稳压电源的输出电压与有源二端网络的开路电压相等时，电压表的读数将为"0"。然后将电路断开，测量此时稳压电源的输出电压，即为被测有源二端网络的开路电压。

二．训练内容

1）应用戴维南定理检查实验数据的合理性，加深对电路定理的理解。

2）学会用开路电压、短路电流法测 R_0。

3）学会用伏安法测 R_0。

4）学会用半电压法测 R_0。

5）学会用零示法测 U_{OC}。

三．材料及工具

可调直流稳压电源、可调直流恒流源、直流数字电压表、直流数字毫安表、万用表、可调电阻箱、电位器及戴维南定理实验电路板。

四．训练步骤

被测有源二端网络见图7a。

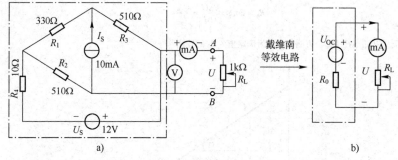

图 7　被测有源二端网络

1）用开路电压、短路电流法测定戴维南等效电路的 U_{OC}、R_0 和诺顿等效电路的 I_{SC}、R_0。按图 7a 接入稳压电源 U_s=12V 和恒流源 I_s=10mA，不接入 R_L。测出 U_{OC} 和 I_{SC}，并计算出 R_0，填入表 8 中。（测 U_{OC} 时，不接入毫安表）

表 8　U_{OC}、I_{SC}、R_0 数据

U_{OC}/V	I_{SC}/mA	R_0/Ω

2）负载实验。按图 7a 接入 R_L。改变 R_L 阻值，测出电压及电流值，填入表 9 中，绘制外特性曲线。

表 9　测电压、电流值数据

R_L/Ω	100	200	300	400	500	600	700	800	1000
U/V									
I/mA									

3）验证戴维南定理：从电阻箱上取得按步骤 1）所得的等效电阻 R_0 之值，然后令其与直流稳压电源（调到步骤 1）时所测得的开路电压 U_{OC} 之值）串联，如图 7b 所示，仿照步骤 2）测其外特性，并填入表 10 中，对戴维南定理进行验证。

表 10 测电压、电流数据（二）

R_L/Ω	100	200	300	400	500	600	700	800	1000
U/V									
I/mA									

4）有源二端网络等效电阻（又称入端电阻）的直接测量法，见图 7a。将被测有源网络内的所有独立源置零（去掉电流源 I_S 和电压源 U_S，并在原电压源所接的两点用一根短路导线相连），然后用伏安法或者直接用万用表的欧姆档测定负载 R_L 开路时 A、B 两点间的电阻，此即为被测网络的等效内阻 R_0，或称网络的入端电阻 R_i。

5）用半电压法和零示法测量被测网络的等效内阻 R_0 及其开路电压 U_{OC}。

五．实验注意事项

1）测量时应注意电流表量程的更换。

2）步骤 4）中，电压源置零时不可将稳压源短接。

3）万用表直接测 R_0 时，网络内的独立源必须先置零，以免损坏万用表。其次，欧姆档必须经调零后再进行测量。

4）用零示法测量 U_{OC} 时，应先将稳压电源的输出调至接近 U_{OC}，再按图 6 测量。

5）改接线路时，要关掉电源。

六．实验报告

根据步骤 2）、3），分别绘出曲线，验证戴维南定理的正确性，并分析产生误差的原因。

_____

_____

_____

_____

七．课后体会

_____

_____

_____

_____

_____

_____

任务 7　指针式万用表装配调试任务实施

1.任务目标
装配和调试一个合格的电子产品。

2.操作分析
1）指针式万用表外壳及结构配件安装。

2）所有档位指标测试。

3.学生工作页

课题序号		日期		地点	
课题名称		指针式万用表装配与调试		课时	2

一．训练内容

1）掌握指针式万用表的安装方法与步骤。

2）掌握万用测试档位的测试方法，并进行调试。

二．材料及工具

万用表套件、数字万用表、调压器、直流稳压电源、电烙铁、镊子、斜口钳、尖嘴钳、螺钉旋具等。

三．训练步骤

1）根据装配图固定 4 个支架、晶体管插座、熔丝夹、零欧姆调节电位器和蜂鸣器。

2）焊接转换开关上交流电压档和直流电压档的公共连线，各档位对应的电阻元件及其对外连线，最后焊接电流架的连线。

3）电刷的安装，应首先将档位开关旋钮打到交流 250V 档位上，将电刷旋钮安装卡转向朝上，V 形电刷有一个缺口，应该放在左下角，因为电路板的 3 条电刷轨道中间的两条间隙较小，外侧两条较大，与电刷相对应。当缺口在左下角时电刷接触点上面有两个相距较远，下面两个相距较近，一定不能放错。电刷四周都要卡入电刷安装槽，用手轻轻按下，即可安装成功。

4）检查、核对组装后的万用表电路，底板装进表盒，装上转换开关旋钮，送指导教师检查。

5）查看自己组装的万用表的指针是否对准零刻度线，如果没有对准，则进行机械调零。然后装入一节 1.5V 的二号电池和一节 9V 的电池。

6）档位开关旋钮打到 BUZZ 音频档，在万用表的正面插入表笔，然后将它们短接，听是否有蜂鸣的声音。如果没有，则说明安装的蜂鸣器电路有问题。

7）档位开关旋钮打到欧姆档的各个量程，分别将表笔短接，然后调节电位器旋钮，观察指针是否能够指到零刻度线。

8）档位开关旋钮打到直流电压 2.5V 档，用表笔测量一节 1.5V 的电池，观察指针的偏转是否正确。

9）档位开关旋钮打到直流电压 10V 档，用表笔测量一节 9V 的电池，观察指针的偏转是否正确。

10）档位开关旋钮打到交流电压 250V 档，用表笔测量插座上的交流电压。

11）档位开关旋钮打到 ×10kΩ 档，测量一个 6.75MΩ 的电阻。

12）然后依次检测其他欧姆档位。

13）将万用表测试情况填入表 11 中。

表 11　万用表测试情况

序号	档位	测量对象	标称值	数字万用表测量值	刚安装的万用表测量值	调试说明

四.课后体会

_____

_____

_____

_____

任务8　荧光灯电路装接与检测任务实施

1. 任务目标

掌握荧光灯电路的装接与检测方法，并对正弦稳态电路有关参数进行验证。

2. 学生工作页

课题序号		日期		地点	
课题名称		荧光灯电路装接与检测		课时	2

一．训练内容

1）掌握荧光灯电路装接方法。

2）验证正弦稳态电路有关相量关系。

二．材料及工具

训练用材料及工具见表12。

表12　荧光灯电路装接用材料与工具

序号	名称	型号与规格	数量	备注
1	交流电压表	0～500V	1	
2	交流电流表	0～5A	1	
3	功率表		1	（DGJ-07）
4	自耦调压器		1	
5	镇流器、辉光启动器	与40W灯管配用	各1	DGJ-04
6	荧光灯灯管	40W	1	屏内
7	电容器	1μF, 2.2μF, 4.7μF/500V	各1	DGJ-05
8	白炽灯及灯座	220V, 15W	1~3	DGJ-04
9	电流插座		3	DGJ-04

三．训练步骤

1）按图8接线。R 为220V、15W的白炽灯泡，电容器为 4.7μF/450V。

经指导教师检查后，接通实验台电源，将自耦调压器输出电压（即 U）调至220V。记录 U、U_R、U_C 值在表13中，验证电压三角形关系如图8所示。电压三角形关系如图9所示。

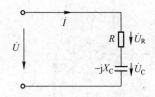
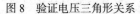
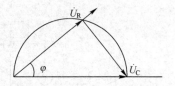

图 8　验证电压三角形关系　　　　　图 9　电压三角形关系

表 13　电压测量与计算数据

测量值			计算值		
U/V	U_R/V	U_C/V	$U=\sqrt{U_R^2+U_C^2}$ /V	$\Delta U=U-U/V$	$\Delta U/U$ (%)

2）荧光灯电路接线与测量。

按图 10 所示荧光电路图接线。

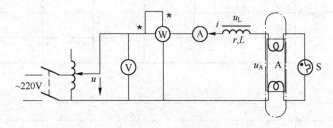

图 10　荧光灯电路图

经指导教师检查后接通实验台电源，调节自耦调压器的输出，使其输出电压缓慢增大，直到荧光灯刚启辉点亮为止，记下三表的指示值。然后将电压调至 220V，测量功率 P，电流 I，电压 U、U_L、U_A 等值，并记录在表 14 中，验证电压、电流相量关系。

表 14　功率、电流、电压测量与计算值

测量项目	测量数值						计算值	
	P/W	$\cos\varphi$	I/A	U/V	U_L/V	U_A/V	r/Ω	$\cos\varphi$
启辉值								
正常工作值								

3）并联电路——电路功率因数的改善。按图 11 所示组成实验电路。

经指导老师检查后，接通实验台电源，将自耦调压器的输出调至 220V，记录功率表、电压表读数在表 15 中。通过一只电流表和三个电流插座分别测得 3 条支路的电流，改变电容值，进行 3 次重复测量。

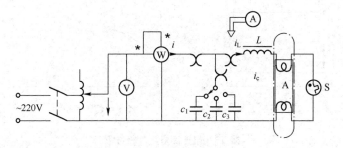

图 11　电路功率因数改善电路

表 15　关联电路功率、电流、电压测量与计算值

电容值 / μF	测量数值						计算值	
	P/W	$\cos\varphi$	U/V	I/A	I_L/A	I_C/A	I'/A	$\cos\varphi$
0								
1								
2.2								
4.7								

四．课后体会

_____

_____

_____

_____

任务9 互感电路观测及变压器特性测试

1.任务目标

1）学会判别绕组同名端的方法。

2）测定变压器空载特性，并通过空载特性曲线判别磁路的工作状态。

3）测定变压器的外特性。

2.学生工作页

课题序号		日期		地点	
课题名称	互感电路观测、变压器特性测试		任务课时		2

一．训练内容

1）学会用交流法、直流法测定变压器的同名端。

2）测定变压器空载特性，作出空载特性曲线，判定磁路的工作状态。

3）测定变压器的输出特性。

二．材料及工具

训练用材料及工具见表16。

表16 材料与工具

序号	名称	型号与规格	数量	备注
1	自制单相变压器	一次侧交流220V，二次侧交流15V	1	
2	万用表		1	自备
3	交流电流表	3A	1	
4	滑动变阻器	5A，0～20Ω	1	
5	鳄鱼夹		若干	
6	调压器	0～220V	1	

三．训练步骤

1）测定变压器的空载特性。按图12所示变压器空载实验电路接线，u_1分别取测试数据记录在表17中。55V、110V、165V、220V，分别测出交流电流i_1，作出变压器空载特性曲线，判定磁路的工作状态。

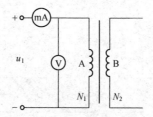

图12 变压器空载实验电路

表 17 变压器空载特性

u_1/V	55	110	165	220
i_1/mA				

2）测定变压器的输出特性。图 13 所示为变压器输出特性电路。按其接线，一次绕组保持额定电压（本实验为 220V），改变负载电阻 R_L 使二次绕组电流由零逐渐增加到额定值，i_2 的值如表 18 所示，测出对应的 u_2，作出外特性曲线。

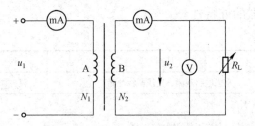

图 13　变压器输出特性电路

表 18 变压器输出特性

u_2/V							
i_2/A	0	0.3	0.5	1	1.2	1.5	2

3）测定变压器的同名端。

① 交流法：按图 14 所示交流法测同名端接线，测出 U_1、U_2、U_{ab}，若 $U_{ab}=U_1+U_2$，则①、③为同名端；若 $U_{ab}=U_1-U_2$，则①、②为同名端。

② 直流法：按图 15 直流法测同名端接线，当开关 S 突然闭合时，观察直流电流表的指针偏转情况，若正偏，则①、③为同名端，否则①、②为同名端。

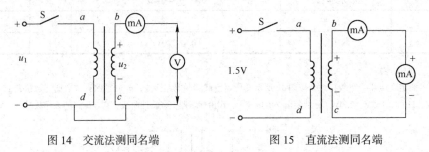

图 14　交流法测同名端　　　　　　图 15　直流法测同名端

四．课后体会

_____

_____

_____

_____

任务 10　小型电源变压器的制作

1. 任务目标

1）掌握小型变压器手工制作的方法及流程。

2）会制作及测试小型变压器。

2. 学生工作页

课题序号		日期		地点	
课题名称	小型电源变压器的制作		任务课时		4+ 课后

一. 训练内容

1）了解小型变压器手工制作方法及流程。

2）动手制作小型变压器。

3）简单测试小型变压器的好坏及相关特性。

二. 材料及工具

1）材料准备：漆包线、制作骨架的材料、绝缘材料（包括青壳纸、绝缘纸和绝缘漆）、做引线用的材料、硅钢片、紧固支架和紧固螺栓、螺母等。

2）工具准备：数字绕线机、木芯、电路焊接的工具一套、松香与焊锡以及万用表等。

三. 训练步骤

1）制作木芯与线圈骨架。

本次绕制的木芯和线圈骨架由实验室提供，制作方法不作介绍。

2）线包的绕制。

线包绕制的好坏，是决定变压器质量的关键。绕线前先裁剪好层间的绝缘纸，绝缘纸的宽度应稍长于骨架的内宽度，长度应大于骨架的周长。

对绕制线圈的要求是：线圈要绕得紧，外一层要紧压在内一层上。绕线要密，每两根导线之间尽可能达到无空隙，若空隙大，将造成后一层导线下陷，影响平整。绕线要平，每层导线排列整齐，不重叠。

绕线中，着重注意以下几个问题：

① 做好引出线。

变压器每一组线圈都有两个或两个以上的引出线，一般用多股软线，较粗的铜线或铜皮剪成的焊片。将其焊在线圈端头，用绝缘材料包扎好后，引线出头从骨架端面上预先打好的孔伸出，以备连接外电路。引线出头的做法如下。

习惯上绕线圈的漆包线直径在 0.2mm 以上都用本线直接引出。直径在 0.2mm 以下的，一般用多股软线做引出线，条件许可的，才用薄铜皮做成的焊片做引出线头。加接引出线头用两条长的青壳纸或绝缘纸片将一段多股光导线或窄的薄铜皮包夹在纸中间，导电部分不能外露。接线时在漆包线的起始端把线头上的绝缘漆刮去用焊锡把线圈端头和引出线焊牢，绕线时注意用后面绕的线圈的导线将引出线压紧。当线圈绕到最后一层时，可事先将另外一根引出线放好，把最后一层漆包线绕在上面，结尾时翻开引出线后面一段铜片，将线圈尾端与引出线焊牢，再包上绝缘。

② 绕线。

采用数字式绕线机，根据要求设定好绕制的圈数，把骨架固定在绕线机的轴上，启动绕制则可，可固定安排一人操作。

③中间抽头。

所制作变压器是两个绕组的，不需要分开绕线，只要在同一线圈中抽出几个线头来做引出线即可。这种做法称为中间抽头。

3）绕包绕好后，外面用厚的绝缘纸或青壳纸扎好，外观显得整齐、美观。

4）铁心的装配。

装配铁心前，应先熟悉硅钢片的检查和选用。在使用前必须对铁心进行以下检查：

①检查硅钢片是否平整，冲制时是否留下毛刺。不平整会影响铁心装配质量，有毛刺容易造成磁路短路会增大涡流。

②检查表面是否锈蚀。锈蚀后的斑块会增加硅钢片厚度，减小铁心有效横截面，同时又容易吸潮，降低变压器的绝缘性能。

③检查硅钢片表面绝缘漆是否良好，如有剥落，应重刷绝缘漆。

④检查硅钢片含硅量是否大体符合要求，硅钢片含硅量高，铁心的导磁性能就好。通常硅钢片的含硅量都不超过4.5%，含硅量太高，容易碎裂，影响机械性能。而且对铁心导磁性能也并无多大的改善。一般要求硅钢片含硅量在3% ~ 4%为正常。含硅量太低，铁心导磁性能将受到影响，做成的变压器损耗也会增大。要检查硅钢片的含硅量。可用折弯的方法进行估计。做法是用钳子夹住硅钢片的一角将其弯成直角的即能折断，含硅量在4%以上。弯成直角后又回复到原状才折断的，含硅量接近4%，如反复弯3、4次才折断的，含硅量约3%。含硅量在2%以下的硅钢片很软，难于折断。

对于电源变压器的铁心装配，通常采用交叉插片法。先在线圈骨架左侧插入E型硅钢片（根据情况可插1 ~ 4片）。接着在骨架右侧也插入相应的片数。这样左右两侧交替对插，直到插满。最后将I型硅钢片（横条）按铁心剩余空隙厚度叠好插过去即可。

需要指出的是，初学者在插片时容易出现两种毛病，第一是发生"抢片"现象，第二是硅钢片位置错开。所谓抢片就是指双边插片时一层的硅钢片交叉插到另一层去了，在出现抢片时如未发现，继续对硅钢片进行敲打，必然损坏硅钢片，因此一旦发现抢片，应立即停止敲打，将抢片的硅钢片取出，整理平直后重新插片。不然这一侧硅钢片敲不过去，另一侧的横条也插不进来。

硅钢片位置错开，产生原因是在安放铁心时，硅钢片的舌片没有和线圈骨架的空腔对准，这时舌片抵在骨架上。敲打时往往给操作者一个铁心已插紧的错觉，这时如果强行将这块硅钢片敲过去时，应仔细检查原因，不可急躁。当线包尺寸偏厚使插片困难时，可将线包套以木芯，用两块板护住线包在台钳上夹扁一些，就好安放铁心了。

5）初步检测。

制作好的变压器应进行以下几项初步的检测。

①外观检查，检查线圈引线有无断线、脱焊、绝缘材料有无烧焦、有无机械损伤，然后通电检查有无焦味或冒烟，如有，应排除故障后再做其他检查。

②用绝缘电阻表检测各线圈之间、各线圈与铁心之间、与屏蔽层之间的绝缘电阻应在200MΩ以上。

③测空载电流。把交流电流表串接在一次侧电路中，测定一次侧的空载电流。一般小型电源变压器的空载电流为满载电流的10% ~ 15%。

④测定二次侧的空载电压和额定输出电压。一次侧接入额定的220V电压，测定二次侧空载电压。然后二次侧接上负载，调负载电阻大小使输出电流达到额定值，检测这时的一次侧输出电压是否满足设计的要求。

6）浸漆与烘烤。

为了防潮和增加绝缘强度，制作好的变压器做绝缘处理。步骤如下：

①预烘。将变压器置于功率较大的白炽灯下烘烤2 ~ 3h，驱除内部潮气。若用烘箱预烘，烘箱温度可调到110℃烘烤4h。

②浸漆。将预烘干燥的变压器浸没于绝缘漆中 1h。

③滴漆。将浸完漆的变压器在铁丝网上滴漆 2～3h。

④烘烤。将已滴完漆的变压器置于大功率灯泡下烘烤到干透为止。如用烘箱烘烤，先控制温度 70℃左右烘烤 30min，然后温度再上升到 110℃烘 8h。烘干后的变压器的绝缘电阻应大于 50MΩ。

四．课后体会

_____

_____

_____

_____

任务 11　三相交流电路电压、电流测量任务实施

1.任务目标

1）掌握三相负载星形联结、三角形联结的方法，验证这两种接法下线电压、相电压及线电流、相电流之间的关系。

2）理解三相四线制供电系统中，中性线的作用。

2.学生工作页

课题序号		日期		地点	
课题名称	三相交流电路电压、电流的测量		任务课时		2

一.训练内容

（1）三相负载星形联结

1）三相对称负载作三相三线制的星形联结。

2）三相不对称负载作三相三线制的星形联结。

3）三相对称负载作三相四线制的星形联结。

4）三相不对称负载作三相四线制的星形联结（不对称、短路）。

（2）三相负载作三角形联结

1）三相对称负载作三角形联结。

2）三相不对称负载作三角形联结。

二.材料及工具

训练用材料及工具见表19。

表 19　训练用材料及工具

序号	名称	型号与规格	数量	备注
1	交流电压表	0 ~ 500V	1	
2	交流电流表	0 ~ 5A	1	
3	万用表		1	自备
4	三相自耦调压器		1	实验台配备
5	三相灯组负载	220V，15W 白炽灯	9	实验台配备
6	电门插座		3	实验台配备

三.训练步骤

（1）三相负载星形联结（丫联结）

按图16所示三相负载星形联结电路连接实验电路（不接中性线）。即三相白炽灯组成负载经三相自耦调压器接通三相对称电源。将三相调压器的旋柄置于输出为0V的位置（即逆时针旋到底）。经指导教师检查合格后，方可接通实验台电源，然后调节调压器的输出，使输出的三相线电压为220V，并按（表20丫联结部分）完成各项实验，分别测量三相负载的线电压、相电压、线电流、相电流、电源与负载中点间的电压。将所测得的数据记入表20中，并观察各相灯组亮、暗的变化程度。

（2）三相负载星形联结（丫0接法）

按图16所示三相负载星形联结电路连接实验电路。即三相白炽灯组负载经三相自耦调压器接通三相对称电源。将三相调压器的旋柄置于输出为0V的位置（即逆时针旋到底）。经指导教师检查合格后，方可接通实验台电源，然后调节调压器的输出，使输出的三相线电压为220V，并按（见表20丫0联结部分）完成各项实验，分别测量三相负载的线电压、相电压、线电流、相电流、中性线电流、电源与负载中点间的电压。将所测得的数据记入表20中，并观察各相白炽灯组亮、暗的变化程度，特别要注意观察中性线的作用。

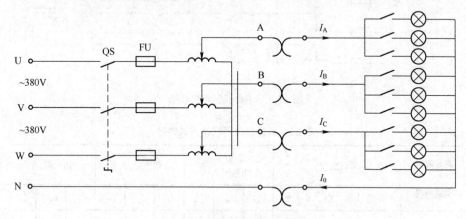

图 16 三相负载星形联结电路

表 20 三相负载量形联结时测量数据

测量数据 实验内容（负载情况）	开灯盏数			线电流 /A			线电压 /V			相电压 /V			中性线电流 I_0/A	中性点电压 U_{N0}/V
	A 相	B 相	C 相	I_A	I_B	I_C	U_{AB}	U_{BC}	U_{CA}	U_{A0}	U_{B0}	U_{C0}		
丫接平衡负载	3	3	3											
丫接不平衡负载	1	2	3											
丫接 B 相断开	1		3											
丫接 B 相短路	1	0	3											
丫0接平衡负载	3	3	3											
丫0接不平衡负载	1	2	3											
丫0接 B 相断开	1		3											

（3）负载三角形联结

按图 17 所示，将负载进行三角形联结，经指导教师检查合格后接通三相电源，并调节调压器，使其输出线电压为 220V，并按表 21 的内容进行测试。

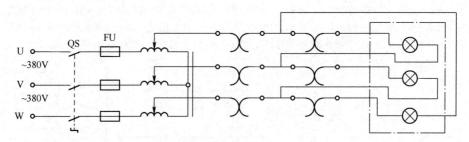

图 17　三相负载三角形联结

表 21　负载三角形联结测试数据

测量数据	开灯盏数			线电压、相电压 /V			线电流 /A			相电流 /A		
负载情况	A-B 相	B-C 相	C-A 相	U_{AB}	U_{BC}	U_{CA}	I_A	I_B	I_C	I_{AB}	I_{BC}	I_{CA}
三相对称	3	3	3									
三相不对称	1	2	3									

四 . 课后体会

_____

_____

_____

_____

任务 12　低压电器检测任务实施

1. 任务目标

1）会识别常用的低压电器。

2）会根据控制要求，正确选用常用低压电器。

3）会安装常用低压电器。

2. 学生工作页

		日期		地点	
课题名称		低压电器检测操作		任务课时	2

一. 训练内容

1）认识交流接触器、热继电器、时间继电器和按钮的外形。

2）拆装交流接触器，并用万用表简单检测交流接触器。

3）拆装热继电器，并用万用表检测热继电器。

4）拆装时间继电器，并用万用表检测时间继电器。

5）用万用表测试按钮分合情况，判断其好坏。

二. 材料及工具

万用表、交流接触器、热继电器、时间继电器、按钮、导线和螺钉旋具。

三. 训练步骤

1）在给定的电器中选出交流接触器、热继电器、时间继电器和按钮，记录在表 22 中。

表 22　识别低压电器

序号	名称	型号	图形符号	文字符号	主要参数	备注
1						
2						
3						
4						
5						

2）用万用表简单检测交流接触器。将检测结果记录在表 23 中。

表 23　交流接触器的结构和检测情况记录

触点对数		
主触点	常开辅助触点	常闭辅助触点

（续）

触点电阻			
常开辅助触点		常闭辅助触点	
动作前 /Ω	动作后 /Ω	动作前 /Ω	动作后 /Ω
线圈工作电压 /V		线圈直流电阻 /Ω	

3）用万用表简单检测热继电器，将检测结果记录在表 24 中。

表 24　热继电器的结构和检测情况记录

触点对数		
热元件电阻值 /Ω	常开触点	常闭触点

触点电阻			
常开触点		常闭触点	
动作前 /Ω	动作后 /Ω	动作前 /Ω	动作后 /Ω
整定电流调整值 /A			

4）用万用表简单检测时间继电器，将检测结果记录在表 25 中。

表 25　时间继电器的结构和检测情况记录

触点对数			
瞬时闭合常开触点	瞬时断开常闭触点	延时闭合瞬时断开常开触点	延时断开瞬时闭合常闭触点

触点电阻			
常开		常闭	
动作前 /Ω	动作后 /Ω	动作前 /Ω	动作后 /Ω
线圈工作电压 /V		线圈直流电阻 /Ω	

5）观察实际按钮结构，并用万用表测试其分合情况，判断其好坏。

四．课后体会

_____

_____

_____

_____

任务 13　电气图识读任务实施

1.任务目标

1）熟悉掌握电气图中常用的电气符号含义。

2）了解电气图的绘图要求。

3）掌握电气图识图的方法。

4）会识读基本的电气原理图。

5）会画简单电气安装接线图和电器元件布置图。

2.学生工作页

课题序号		日期		地点	
课题名称		常用电气识图		任务课时	2

1.训练内容

1）学习电气图中常用的电气符号含义。

2）学习电气图识图的方法。

3）识读基本的电气原理图。

4）绘制电气安装接线图和元器件布置图。

2.材料及工具

多媒体资料、铅笔、绘图样、尺子、橡皮擦等。

3.训练步骤

1）结合多媒体资料学习电气图中常用的电气符号含义，学习电气图识图的方法。

2）读图18所示电气控制原理图，说明电路的工作原理。

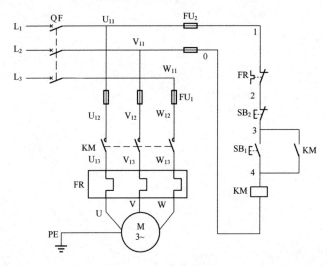

图 18　电气控制原理图

3）列出图 18 中的电气元器件清单，填入表 26 中。

表 26　电气元器件清单

电路	电器元件名称	数量	备注
			.

4）画出图 18 中的电气安装接线图。

5）画出图 18 中的元器件布置图。

四 . 课后体会

_____

_____

_____

_____

任务14 三相异步电动机点动控制任务实施

1. 任务目标

1）了解电气控制电路的基本安装步骤。

2）理解三相异步电动机点动控制的操作过程和工作原理。

3）会安装三相异步电动机点动控制电路。

4）会测试三相异步电动机点动控制电路。

5）会处理三相异步电动机点动控制电路的简单故障。

2. 学生工作页

课题序号		日期		地点	
课题名称	三相异步电动机点动控制电路操作		任务课时		2

一. 训练内容

1）识读图19三相异步电动机点动正转控制电路操作实训电路图。

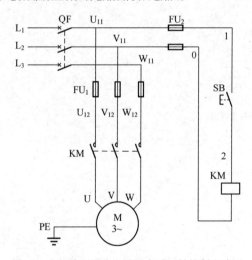

图19 三相笼型异步电动机点动正转控制电路图

2）根据图19点动控制电路操作实训电路图，列元器件清单。

3）三相异步电动机点动控制电路安装。

4）检查三相异步电动机点动控制电路。

5）实验板的使用。

6）通电试车三相异步电动机点动控制电路。

二. 材料及工具

三相交流电动机、螺钉旋具、剥线钳、电路板、万用表、低压电器、单芯导线若干。

三．训练步骤

1）识读图 19 三相异步电动机点动控制电路实训电路图，会说出操作过程和工作原理。

2）列元器件清单。

根据图 19 三相异步电动机点动控制电路实训电路图，列出实训需要的元器件清单。将所需元器件的符号和数量填入表 27 中，并检测元器件的质量。

表 27　元器件清单

序号	名称	符号	规格型号	数量
1	三相异步电动机			
2	低压断路器			
3	按钮			
4	主电路熔断器			
5	控制电路熔断器			
6	交流接触器			
7	端子排			
8	导线（单股单芯）			
9	按钮导线（多股单芯）			

3）三相异步电动机点动控制电路安装。

①固定元器件。

②安装主电路。

③安装控制电路。

安装电路的工艺要求有：

①元器件布置合理，安装准确牢固。

②布线通道尽可能少，要求横平竖直、高低一致、接线紧固美观。电路单层密排、同向并行、线与线之间不可交叉。

③导线按主、控电路分类集中，先进行主电路的布线安装，再进行控制电路的布线安装。

④布线尽可能紧贴安装面板，靠近元器件走线，架空跨线不能超过 2cm。线路改变走向时应垂直成 90°，不可成尖锐的直角，应有平缓过渡。

⑤一个接线端子最多只能连接两根导线。

4）三相异步电动机点动控制电路检查。

①主电路接线检查。

②控制电路接线检查。

5）三相异步电动机点动控制电路通电试车。

通过上述各项检查，完全合格后，检查三相电源。为了人身安全，要认真执行安全操作规程的有关规定，由老师检查并现场监护。

①空操作试验。

②带负载试验。

四．课后体会

_____

_____

_____

_____

任务15 三相异步电动机起停控制任务实施

1．任务目标

1）理解三相异步电动机起停控制的操作过程和工作原理。

2）学会安装三相异步电动机起停控制电路。

3）学会测试三相异步电动机起停控制电路。

4）会处理三相异步电动机起停控制电路的简单故障。

2．学生工作页

课题序号		日期		地点	
课题名称	三相异步电动机起停控制电路操作			任务课时	2+ 课外 +2

一．训练内容

1）识读图20三相异步电动机起停控制电路操作实训电路图。

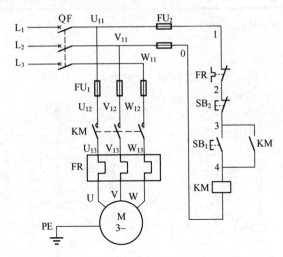

图20 三相异步电动机起停控制电路图

2）根据图20起停控制电路操作实训电路图，列元器件清单。

3）三相异步电动机起停控制电路安装。

4）检查三相异步电动机起停控制电路。

5）通电试车三相异步电动机起停控制电路。

二．材料及工具

三相交流电动机、螺钉旋具、剥线钳、电路板、万用表、低压电器及单芯导线若干。

三．训练步骤

1）识读图20三相异步电动机起停控制电路实训电路图，会说出操作过程和工作原理。

2）列元器件清单。

根据图 20 三相异步电动机起停控制电路实训电路图，列出实训需要的元器件清单。将所需元器件的符号和数量填入表 28 中。

表 28　元器件清单

序号	名称	符号	规格型号	数量
1	三相异步电动机			
2	低压断路器			
3	按钮			
4	主电路熔断器			
5	控制电路熔断器			
6	交流接触器			
7	热继电器			
8	端子排			
9	导线（单股单芯）			
10	按钮导线（多股单芯）			

3）三相异步电动机起停控制电路线路安装。

① 固定元器件。

② 安装主电路与控制电路。

参照点动控制电路接线参考图，画出电动机起停控制电路的接线图，如图 21 所示。按工艺要求，安装电路。

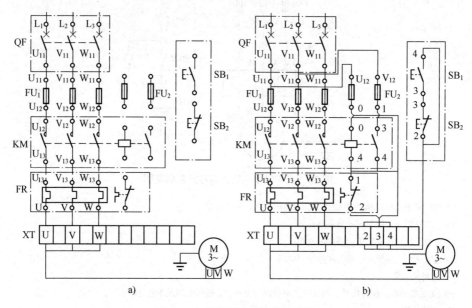

图 21　起停控制电路接线参考图

a) 主电路　b) 控制电路

4）三相异步电动机起停控制电路检查。

①主电路接线检查。按电路图或接线图从电源端开始，逐段核对接线有无漏接、错接、冗接之处，检查导线接点是否符合要求、压接是否牢固，以免带负载运行时产生闪弧现象。

②控制电路接线检查。用万用表电阻档检查控制电路接线情况。检查时，应选用倍率适当的电阻档，并欧姆调零。断开主电路，松开起动按钮 SB$_1$，按下 KM 触点架，检查常闭辅助触点应断开、常开辅助触点应闭合，将表笔分别搭在 W$_{II}$、V 线端上，万用表读数应为接触器线圈的直流电阻值。若测得结果是断路，应检查 KM 触点、下、上端子接线是否正确，有无虚接脱落现象，必要时用万用表查找断路点，缩小范围找出后处理。

停车控制检查，按下起动按钮 SB$_1$ 或 KM 触点架，测量接触器线圈的直流电阻值，同时按下停止按钮 SB$_2$，万用表读数从接触器线圈的直流电阻值变为"∞"。

5）三相异步电动机起停控制电路通电试车。

通过上述各项检查，完全合格后，检查三相电源，将热继电器按电动机的额定电流整定好，为了人身安全，要认真执行安全操作规程的有关规定，由老师检查并现场监护。

①空操作试验。首先拆除电动机定子绕组的接线（XT 端子排上 U、V、W）接通三相电源 L$_1$、L$_2$、L$_3$，合上断路器 QF，用验电笔检查熔断器出电端，氖管亮说明电源接通。按下 SB$_1$，观察接触器情况是否正常，是否符合电路功能要求；观察电器元器件动作是否灵活，有无卡阻及噪声过大现象。

②带负载试验。首先断开电源（拉开断路器 QF），接上电动机定子绕组接线，合上 QF，按下 SB$_1$，观察电动机运行是否正常。若有异常，立即按下 SB$_2$，电动机停止运转后进行检查。

四.课后体会

_____

_____

_____

_____

任务16 三相异步电动机正反转控制任务实施

1. 任务目标

1）理解三相异步电动机正反转控制的操作过程和工作原理。

2）学会安装三相异步电动机正反转控制电路。

3）学会测试三相异步电动机正反转控制电路。

4）会处理三相异步电动机正反转控制电路的简单故障。

2. 学生工作页

课题序号		日期		地点	
课题名称	三相异步电动机正反转控制电路操作			任务课时	2+ 课外 +2

一．训练内容

1）识读图 22 三相异步电动机正反转控制电路操作实训电路图。

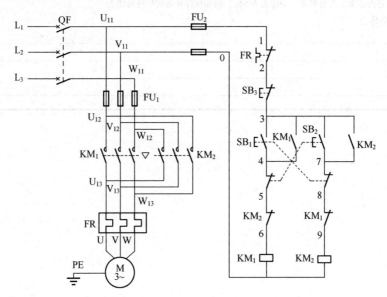

图 22 三相异步电动机正反转控制电路原理图

2）根据图 22 电动机正反转控制电路操作实训电路图，列元器件清单。

3）三相异步电动机正反转控制电路安装。

4）检查三相异步电动机正反转控制电路。

5）通电试车三相异步电动机正反转控制电路。

二．材料及工具

三相交流电动机、螺钉旋具、剥线钳、电路板、万用表、低压电器、单芯导线若干。

三．训练步骤

1）识读图 22 三相异步电动机正反转控制电路实训电路图，会说出操作过程和工作原理。

2）列元器件清单。

根据图 22 三相异步电动机正反转控制电路实训电路图，列出实训需要的元器件清单。将所需元器件的符号和数量填入表 29 中。

表 29　元器件清单

序号	名称	符号	规格型号	数量
1	三相异步电动机			
2	低压断路器			
3	按钮			
4	主电路熔断器			
5	控制电路熔断器			
6	交流接触器			
7	热继电器			
8	端子排			
9	导线（单股单芯）			
10	按钮导线（多股单芯）			

3）三相异步电动机正反转控制电路安装。

① 固定元器件。

② 安装主电路与控制电路。

参照起停控制电路接线参考图，画出电动机正反转控制电路的接线图，按工艺要求，安装电路。

4）三相异步电动机正反转控制电路检查。

用前面所学的方法对电路进行检查。

5）三相异步电动机正反转控制电路通电试车。

通过上述各项检查，完全合格后，检查三相电源，将热继电器按电动机的额定电流整定好，为了人身安全，要认真执行安全操作规程的有关规定，由老师检查并现场监护。

① 空操作试验。首先拆除电动机定子绕组的接线（XT 端子排上 U、V、W）接通三相电源 L_1、L_2、L_3，合上断路器 QF，用验电笔检查熔断器出线端，氖管亮说明电源接通。按下 SB_1，观察接触器情况是否正常，是否符合电路功能要求；观察电器元器件动作是否灵活，有无卡阻及噪声过大现象。

② 带负载试验。首先断开电源（拉开断路器 QF），接上电动机定子绕组接线，合上 QF，按下 SB_1，观察电动机正转运行是否正常，若有异常，立即按下 SB_3，停车检查，电动机停止运转。在正转试验完成后，再按下 SB_2，观察电动机反转运行是否正常。最后，按下 SB_3，电动机停止运转。

四. 课后体会

_____

_____

_____

_____